# 北海近代建筑研究

BEIHAI JINDAI JIANZHU YANJIU

北海市博物馆 编

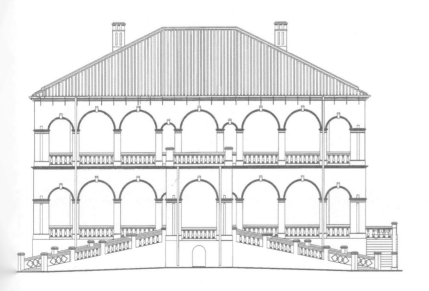

广西科学技术出版社

·南宁·

图书在版编目（CIP）数据

北海近代建筑研究 / 北海市博物馆编. —南宁：
广西科学技术出版社，2022.9
ISBN 978-7-5551-1845-9

Ⅰ.①北… Ⅱ.①北… Ⅲ.①建筑史—研究—北海市
—近代 Ⅳ.①TU-092.5

中国版本图书馆CIP数据核字（2022）第169243号

# 北海近代建筑研究

北海市博物馆　编

策划编辑：罗煜涛　　　　　　　　　责任编辑：李　媛
助理编辑：郑松慧　　　　　　　　　装帧设计：梁　良
责任印制：韦文印　　　　　　　　　责任校对：冯　靖

出　版　人：卢培钊
出版发行：广西科学技术出版社
社　　　址：广西南宁市东葛路66号　　　邮政编码：530023
网　　　址：http://www.gxkjs.com
经　　　销：全国各地新华书店
印　　　刷：广西民族印刷包装集团有限公司
开　　　本：787 mm×1092 mm　1/16
字　　　数：210千字　　　　　　　　印　　张：11
版　　　次：2022年9月第1版
印　　　次：2022年9月第1次印刷
书　　　号：ISBN 978-7-5551-1845-9
定　　　价：118.00元

# 前言

　　《北海近代建筑研究》是第一本比较全面介绍北海近代建筑的专著，是北海市博物馆工作人员多年来从事考古遗址保护、古建筑及近现代建筑保护和利用，经研究、设计以及施工等实践工作后形成的技术积累与总结，是用现代科学的表述方法总结北海近代建筑的结构构造以及建筑技术的一部专著。

　　作为研究北海近代建筑较为全面的资料性工具书，本书内容系统、全面，包含了领事馆类建筑、宗教类建筑、经济类建筑、医疗教育类建筑等四类北海近代建筑的建造技艺以及保护利用等内容，具体涉及每一栋建筑下部的基础类型做法，中部的墙体砌筑工艺做法、门窗的形式及其细部分析，以及建筑上部的屋顶屋面以及梁架做法等施工技术的分析。各类型的建筑内容均附有一定数量的插图，图文并茂，使读者阅读起来既方便，又清晰。

　　因撰写时间较为仓促，本书对部分建筑材料的物理性能研究还不够全面。如宗教类建筑墙体所涉及的火山岩和珊瑚石等材料的力学及其物理性能的分析研究，尚未经过抗压、抗剪等实验的针对性分析研究。在此，也希望大家在今后对北海近代建筑或北部湾沿海建筑的研究中，能对各主要材料的各项性能进行充分的分析和研究。

　　本书还从内陆及沿海城市中选取了西安、长沙、上海、广州四个具有代表性的典型城市的近代建筑，通过与北海近代建筑进行对比分析，得出同时期近代典型建筑的主要特征、各建筑的异同和产生异同的主要原因，以及不同地理位置因西洋建筑文化与我国传统建筑文化相碰撞所产生的具有地方特色的建筑形式，以期让读者能从中领略到北海近代建筑乃至我国其他地区近代建筑的魅力。

本书分8章27节，第一章第一节、第六章、第七章和第八章执笔是廖元恬，第二章执笔是黄赐禄，第三章执笔是蔡安珍，第四章执笔是李绍强，第五章执笔是陈英亮，第一章第二节执笔是李钢，全书由廖元恬统稿。本书得到了广西壮族自治区文物保护设计中心的支持，合浦博物馆副研究馆员王伟昭对本书进行了指导，在此表示衷心感谢。由于水平有限，不足之处，敬请指正。

编者

2022 年 8 月

# 目录

# 第一章

## 研究概述

# 第一节　北海市概况

北海市位于广西南部、北部湾东海岸，位于东经 108° 50′ 45″ ～ 109° 47′ 28″、北纬 20° 26′ ～ 21° 55′ 34″ 之间，全市南北跨度 114 km，东西跨度 93 km，土地总面积 3989 km²。北海开放历史悠久，文化底蕴深厚，是古代"海上丝绸之路"的重要始发港，是国家历史文化名城、国家园林城市、广西北部湾经济区重要组成城市。北海区位优势突出，地处华南经济圈、西南经济圈和东盟经济圈的结合部，处于泛北部湾经济合作区域结合部的中心位置，是中国西部唯一被列入全国首批 14 个进一步对外开放的沿海城市，也是中国西部唯一同时拥有深水海港、全天候机场、铁路和高速公路的城市。北海境内有钦北铁路、209 国道、325 国道经过，高速公路可直达南宁、玉林、湛江等地，邕北线高铁及南北高速公路将北海与桂林、重庆、成都、广州等重要城市连接起来，构成了中国西南便捷的公路出海通道。北海旅游资源丰富，生态环境优良，是享誉海内外的旅游休闲度假胜地。

截至 2021 年底，北海市辖海城区、银海区、铁山港区和合浦县。全市户籍人口 182.71 万人。

海城区是北海市政治、经济、文化的中心，辖区包括内陆区和海岛两大部分，总面积约 140 km²，管辖涠洲镇 1 个镇和高德、驿马、东街、中街、西街、海角、地角 7 个街道，包括 19 个村和 43 个社区，户籍人口 33.24 万人。

银海区辖 4 个镇，分别为福成镇、平阳镇、侨港镇、银滩镇，包括 39 个行政村、12 个社区，户籍人口 19.55 万人。

铁山港区辖 3 个镇，分别为南康镇、营盘镇、兴港镇，包括 37 个村、7 个社区，户籍人口 19.02 万人。

合浦县辖 15 个乡镇，分别为廉州镇、党江镇、沙岗镇、西场镇、乌家镇、石湾镇、石康镇、常乐镇、闸口镇、公馆镇、白沙镇、山口镇、沙田镇、星岛湖镇、曲樟乡，包括 241 个村、33 个社区，户籍人口 110.90 万人。

海洋资源。北海所在的北部湾是我国四大渔场之一，有经济鱼类 500 多种，持续资源量 73 万吨，最佳可捕量 45 万吨 / 年。产量较大的有鱿鱼、墨鱼、石斑、虾类等。同时，北海还盛产珍珠，是著名的南珠之乡。

矿产资源。北海的矿产资源有钛铁矿、高岭土、石英砂等，其中钛铁矿储量达

350 万吨，已列入国家重点勘探项目。石英砂预测储量 3000 万吨以上。

旅游资源。北海拥有"滨海、风光、人文、古迹"四大类旅游资源和"海水、海滩、海岛、海鲜、海珍、海底珊瑚、海洋动物、海上森林、海上航线、海洋文化"十大海洋旅游特色，集"海、滩、岛、湖、山、林"于一体，兼备滨海自然风光和以南珠文化为代表的人文景观。

## 第二节　北海近代建筑概述

自西汉以来，北海所处的廉州湾地区便是粤西桂南地区的政治、经济、文化中心，是我国西南地区对外通商最便捷的重要口岸之一。合浦港在汉代就是海上丝绸之路始发港，为西南地区最重要的出海口。约从明嘉靖中期起，由于南流江出海口的泥沙淤积，船只进出合浦港困难，出海口便逐渐南移到冠头岭至外沙一带海域，北海港开始形成，商埠也随之发展起来。

北海成埠时间约在清道光中期（亦有学者认为应在清嘉庆年间[①]），并在外沙一带建成了最早的街道——沙脊街，人口、贸易量、税收开始逐步增加。至清咸丰元年（1851 年），由于太平天国运动和红巾军起义造成西江梗塞，而廉州湾和北海一带则相对平静，因此本来沿西江航道往来的广西和云贵货物改由北海进出，使北海迅速成为西南大通道的重要进出口。鉴于北海的地位日渐重要，清政府将原驻扎在南康的珠场巡检司于"咸丰五、六年，始傦衙署移驻北海"[②]。

1876 年 9 月 13 日，中英签订《烟台条约》，根据条约第三段"通商事务"第一款规定，"所有现在通商各口岸，按前定各条约，有不应抽收洋货厘金之界，兹由威大臣议请本国，准以各口租界作为免收洋货厘金之处，俾免漫无限制，随由中国议准在于湖北宜昌、安徽芜湖、浙江温州、广东北海四处添开通商口岸，作为领事官驻扎处所"[③]，并明确规定"新旧各口岸，除已定有各国租界应毋庸议，其租界未定各处，应由英领事官会同各国领事官与地方官商议"，划定为界。由此，北海被正式辟为对外通

---

① 黄南津、林仲湘在其所撰的《北海市老城区历史考察报告》中指出："道光版《廉州府志》的舆地图方才明确标明北海，在'圩市'中有'北海市，城南八十里'的记载。考虑到志书编纂时间相距较长，其资料的相对滞后性，可以估计北海市在嘉庆年间已有雏形。"
② 梁鸿勋：《北海杂录》，载于北海市地方志编纂委员会编《北海史稿汇纂》，方志出版社，2006，第 11 页。
③ 王铁崖：《中外旧约章汇编（一）》，生活·读书·新知三联书店，1982，第 309 页。

商口岸。1877 年 3 月 18 日，英国在北海设立领事机构，总税务司赫德委派英国人李华达出任北海关首任税务司，"北海口岸于 1877 年 4 月 1 日开埠通商"[①]。

北海开埠后，先后有英国、德国、奥匈帝国、法国、意大利、葡萄牙、美国、比利时 8 个国家在北海设立领事馆或领事代理机构，各国传教士和商人也随之在北海建立教堂、学校、医院和商行等机构，并控制了海关和邮局，依托这些机构设计并修建了一批西式建筑。这使得北海在被动对外开放的同时，商业贸易和城市规模得到进一步发展，逐渐成为我国粤西桂南地区的繁庶之地。正如梁鸿勋所云："嗣是外人渐至，而商务亦浸盛矣。"[②] 大街是北海当时最繁华的商业区，由大西、西靖、升平、东安、东华、东泰、接龙桥 7 条约 4 m 宽的相连街道组成，外商洋行、轮船公司及进出口业务公司均设于此街。大街加上位于其南端的沙脊街和后街，使北海呈现出一派繁华景象，"凡殷商巨贾，胥萃于是"[③]。

这批西式建筑，绝大多数分布在现北海市旧城区中心，另有两处教堂位于距市区约 24 海里（1 海里 =1.852 千米）的涠洲岛上，共 17 处建筑（图 1-1 和表 1-1）。

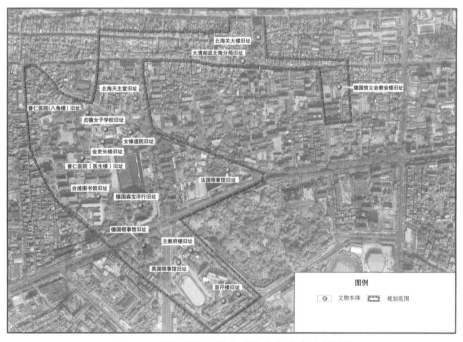

图 1-1　北海近代建筑在北海市的分布（部分）

①《中国海关北海关十年报告（1882—1891 年）》，杨庆良译，载于北海市地方志编纂委员会编《北海史稿汇纂》，方志出版社，2006，第 21 页。
② 梁鸿勋：《北海杂录》，载于北海市地方志编纂委员会编《北海史稿汇纂》，方志出版社，2006，第 3 页。
③ 同②。

### 表 1-1　北海近代建筑一览表

| 序号 | 建筑名称 | | 建成时间（年） | 单体建筑数量（个） | 现使用人 | 现所在地址 |
|---|---|---|---|---|---|---|
| 1 | 英国领事馆旧址 | | 1885 | 1 | 北海市博物馆 | 广西北海市北京路 |
| 2 | 德国领事馆旧址 | | 1905 | 1 | 北海市博物馆、北海市工商银行 | 广西北海市北部湾中路 19 号 |
| 3 | 法国领事馆旧址 | | 1890 | 1 | 北海市迎宾馆 | 广西北海市北部湾中路迎宾馆 5 号楼 |
| 4 | 北海天主堂 | | 1918 | 2 | 北海市天主教会 | 广西北海市解放路下里村 2 号 |
| 5 | 涠洲盛塘天主堂 | | 1869—1978 | 5 | 北海市涠洲天主教会 | 广西北海市涠洲岛盛塘村 |
| 6 | 涠洲城仔教堂旧址 | | 1883 | 3 | 北海市涠洲天主教会 | 广西北海市涠洲岛城仔村 |
| 7 | 主教府楼旧址 | | 1934—1935 | 1 | 北海市天主教会 | 广西北海市公园路 1 号 |
| 8 | 女修道院旧址 | | 1925 | 2 | 北海市人民医院 | 广西北海市和平路 83 号北海市人民医院内 |
| 9 | 双孖楼旧址 | | 1886、1887 | 2 | 北海市第一中学 | 广西北海市北京路北海市第一中学北京路校区内 |
| 10 | 德国信义会教会楼旧址 | | 1902 | 1 | 北海市博物馆 | 广西北海市中山东路 213 号 |
| 11 | 会吏长楼旧址 | | 1905 | 1 | 北海市人民医院 | 广西北海市和平路 83 号北海市人民医院内 |
| 12 | 德国森宝洋行旧址 | | 1887—1891 | 2 | 北海市博物馆 | 广西北海市解放路 19 号文化大院内 |
| 13 | 北海关大楼旧址 | | 1883 | 1 | 北海市博物馆 | 广西北海市海关路 6 号海关大院内 |
| 14 | 大清邮政北海分局旧址 | | 1897 | 1 | 北海市博物馆 | 广西北海市中山东路 204 号 |
| 15 | 普仁医院旧址 | 医生楼 | 1886 | 1 | 北海市人民医院 | 广西北海市和平路 83 号北海市人民医院内 |
| | | 八角楼 | 1886 | 1 | 北海市人民医院 | 广西北海市和平路 83 号北海市人民医院内 |
| 16 | 贞德女子学校旧址 | | 1905 | 1 | 北海市人民医院 | 广西北海市和平路 83 号北海市人民医院内 |
| 17 | 合浦图书馆旧址 | | 1927 | 1 | 北海市第一中学 | 广西北海市北部湾路北海市第一中学解放路校区内 |

资料来源：北海市文物局编《北海近代建筑记录档案（标准卷）》，2006。

北海近代建筑风格独特，蕴含丰富的历史信息，并且具有较高的艺术价值，是研究我国近现代社会史、经济史、建筑史、海关史、港口史、宗教史和对外贸易历史等方面的重要史料①。

北海近代建筑多为 1 至 3 层的券廊式建筑，其特点是每层四围都设回廊，砖柱、外墙、拱券上大量使用了枭、混线进行装饰，属于欧洲古典建筑的艺术风格。其中混线又称脚线，它位于柱子和拱券的连接处，起着既分割又联系的过渡和衔接作用，使本来平直的墙面由于曲直线条的变化变得层次清晰，更具有立体感和艺术效果。北海近代建筑大多建有一架空层，俗称地垄，起到隔潮的作用，是为适应南方潮湿气候和改善居住条件的一种措施②。

北海近代建筑的屋面一般为四面坡或两面坡的瓦顶，用火候较高的红色厚板瓦盖护，有些也为水泥平顶。瓦檐口均有用铁片卷成的引水槽直通下水道。门窗顶部均设由花岗岩条石制作而成的眉子，条石窗台板前檐刻凿 20 mm × 20 mm 的滴水槽，使雨水就此滴下，避免雨水沿墙体下流或渗入墙内。门窗制作选料上乘、工艺讲究，大多使用百叶门窗，可根据需要随时调节室内的光线和气温。

北海近代建筑就用途而言，大体可分为领事馆、宗教建筑、海关及邮政局、商贸机构、医疗及教育机构五大类。

领事馆类建筑设施豪华，室内铺花瓷砖，设有取暖用的壁炉，这显然源于欧洲的生活方式，与券廊式建筑所在地的气候特征有十分明显的矛盾。一方面，可以看出欧洲的西洋建筑虽然根据当地气候特点进行了相当程度的适应性调整，但是在文化情结上仍然固守了其原有特征；另一方面，则是西方国家有意展示这种欧洲的生活方式，以表征其文化的"优越性"。

宗教类建筑属欧洲中世纪风格的哥特式建筑，是欧洲教堂建筑在北海难得的实例。教堂一般由钟楼、祈祷厅、祭台间三部分组成，顶端设有小尖顶，加上门窗的尖券，使整座建筑给人一种较强的向上的动势，营造出一种向上升华、"天国神秘"的既视感，尤以涠洲盛塘天主堂最为显著。

北海近代建筑的出现，改变了北海传统中国式街圩建筑的单一结构，使北海的城市建筑呈现多样化格局。北海近代建筑所呈现的建筑风格及建筑装饰，是西方美学意识与当时北海政治环境、社会环境、经济环境、宗教环境相互影响的结果③。

---

① 邓兰、廖元恬、李钢：《北海近代建筑的保护与利用》，载于张复合编《中国近代建筑研究与保护（五）》，清华大学出版社，2006，第 545 页。
② 出自 2002 年由广西文物保护研究设计中心编制的《英国领事馆旧址维修勘察报告》。
③ 李钢：《近代北海口岸地位的变迁——基于北海近代建筑的考察》，中山大学历史学系硕士学位论文，2013，第 9 页。

# 第二章
## 领事馆类建筑

# 第一节 英国领事馆旧址

## 一、建造背景

清道光二十年（1840 年）鸦片战争爆发，西方列强利用坚船利炮打开清王朝的国门，进行政治、经济、文化侵略。清光绪二年（1876 年），英国为争夺中国大西南势力范围，强迫清政府签订丧权辱国的《烟台条约》。清光绪三年（1877 年），英国人何爱福首次抵达北海领土，并于北海北岸海滩边租用民房设立领事馆，英国成为近代第一个在北海设立领事馆的国家。自此，英、德、法等八国陆续在北海设立领事馆、教堂、医院等一系列机构。自清光绪九年（1883 年）北海第一座洋楼——北海关大楼建成，至清光绪三十一年（1905 年），西方列强在北海修建了一批建筑风格为"英法亚洲殖民地"式的建筑。这些建筑的样式是在北海被迫开埠后，由英、法、德等欧洲列强带来的流行于这些国家的建筑样式。这些外来建筑与北海当地的地理气候条件结合，形成一种"中为西用"的特殊建筑。这些建筑对北部湾沿海的市镇民居、商业街区建筑影响极大，是北海乃至两广南部地区近代建筑文化的重要遗迹，也是中国近代建筑文化的瑰宝；是北海城市历史文化发展的重要载体，也是研究中国近代史的重要实物资料（图 2-1）。

图 2-1 北海市英国领事馆旧址全景

## 二、历史沿革

1877 年，英国领事馆最初在北海北岸海滩边租用疍家棚式木屋进行办公及生活。1882 年，英国领事馆花费 80 英镑在今北海市第一中学一带购置了 21 英亩（约 8.5 万 $m^2$）土地，用于兴建英国领事馆新馆。在新馆落成前，英国领事馆还于北海城外另购土地，搭建一排 5 开间的工棚式平房，为新馆竣工前的过渡期办公与生活之用（图 2-2）。

1877年，英国在北海北岸租用疍家棚式木屋作为领事馆（画圈处）

新领事馆竣工前过渡期的办公与生活地（画圈处）

图 2-2　北海市英国领事馆的两处旧馆址

1884 年，阿林格领事邀请英国建筑师 F.J. 马歇尔及英国河顿有限公司前来设计和建造新领事馆。1885 年，一座集办公、住宿、接待及礼拜等功能于一体的英国领事馆正式竣工并投入使用。

1922 年，英国领事馆楼房被以 20 万英镑的价格转卖给法国天主教北海教区作为圣德修院。1934—1935 年，天主教北海教区的主教府按原英国领事馆的建筑样式扩建了圣德修院，并将扩建部分作为礼拜堂，北海市民称其为"红楼"。中华人民共和国成立后，北海市人民政府拨款购买"红楼"，并将其作为北海市第一中学的教学楼。1999 年，为配合城市道路建设，经国家文物局同意，英国领事馆旧址实施整体平移异地保护工程。综合考虑平移技术、实施可行性及建筑基础的特殊性等因素的影响，决定在平移前拆除后期扩建的礼拜堂建筑。1999 年 10 月 2 日至 3 日，成功将英国领事馆旧址往东北方向平移 55.8 m。2016 年 5 月 1 日，北海市将英国领事馆旧址辟为北海近代外国领事机构历史陈列馆，并免费对外开放。

### 三、建筑平面布局

英国领事馆旧址经平移后坐落于北海市第一中学大门口左侧，建筑整体坐北朝南，平面呈矩形，总面阔 27.3 m，通进深 12.14 m。平面设计从建筑物的实用功能出发，按各部分的实用要求及其相互关系来定出各自的位置及空间。建筑的形体和空间布局自由，按功能分区，又按使用关系相互连接，进而设计出一个多方向、多立面、多轴线、多入口的建筑物。

建筑分一、二两层，一层建筑设对外业务办公区域和生活等其他区域，二层则设内部办公区域和其他生活区域（图 2-3）。两层均采用前檐外廊加后檐内廊、前后双面开门的布局方式，且明间两侧的次间对称而稍间不对称的平面布局，使一个集办公与生活于一体的领事馆建筑在使用上具有明显的功能分区。平面内部主要由两次间的办公区域、东北稍间的储藏区域、外廊与内廊的公共交通区域和西南稍间的生活区域组合而成。办公区域面积约 150 m²，储藏区域面积约 22 m²，内外交通区域面积约 220 m²，生活区域面积约 160 m²。

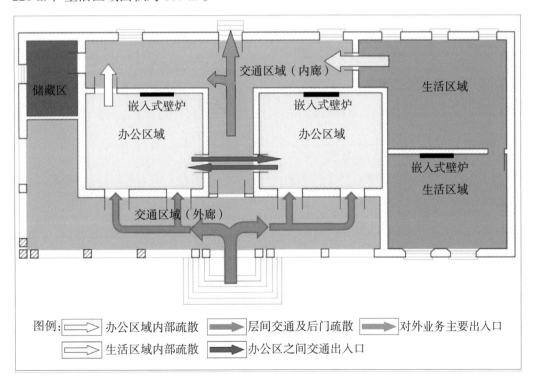

图 2-3  英国领事馆旧址平面布局及人流分析示意图

建筑主入口处设踏跺跃至一层前檐外廊地面平台，明间居中处设双开实木门一樘，为整栋建筑的主要出入口。两次间均设双开实木门两樘，供对外业务办理人员出入之用，即通过两门形成一个由进入人流线和外出人流线所组合而成的完整的公共人流交通线。其余内部所设的交通区域及所开门洞等，均为形成内部工作流线或其他辅助作用而设。这样便形成了一个对外的开放空间及一个内部的闭环空间，两者功能分区明显，既能体现建筑对外办公的开放性，又可体现内部使用的合围性。

## 四、建筑立面

北海市英国领事馆旧址立面为集仿欧洲风格的券廊式和中国传统建筑风格歇山式屋顶为一体的中西合璧建筑。正立面靠西侧设置六个连续拱券架于十根塔斯干式束柱之上，构成前檐宽敞的走廊；券边与柱托饰以凸凹弧形灰塑线脚，做工细巧（图2-4）。

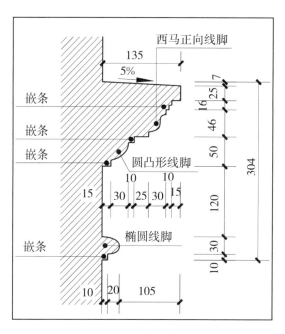

图2-4　英国领事馆旧址柱头装饰线脚详图（单位：mm）

券顶部均设外凸约30 mm的装饰性拱顶石，对整个立面起到了重要的点睛作用。除主要出入口处的券柱间供出入之用外，其余开间外檐均设绿琉璃宝瓶为装饰性护栏，安装于底部的花岗岩条石地栿之上，顶部则使用整条倒角花岗岩条石进行压顶（图2-5）。

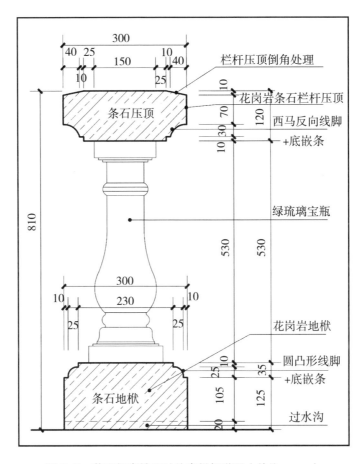

图 2-5 英国领事馆旧址外廊栏杆详图（单位：mm）

明间位置的中心拱券使用双排柱进行支撑，与其外侧的条石踏跺一起，能较大程度地突出主要出入口位置。正立面东侧每层均设板栗色实木双扇百叶窗两樘，窗台使用花岗岩条石手工精制而成，条石外挑约 50 mm，均由内向外放坡，并于条石外檐底部凿出凹槽作为滴水槽，防止排水向室外墙体渗流而影响建筑外墙的安全。可见，该建筑的设计已达到了整体的宏大和细部的精致合理（图 2-6）。西立面的南侧转角为双排柱的四柱两券式，通过局部设廊与正立面的前廊相连接；北侧则设实木百叶窗，每层各一樘。北面及东面立面均以门或窗、洞口设置，且均为实木百叶门或百叶窗，窗台使用花岗岩条石精制而成，但窗顶均无窗楣等构件。

一层与二层之间的层间砌体外伸总宽约 135 mm，层层向外叠涩，以抹灰饰面，并使用西马正向线脚、圆凸形线脚及嵌条组合成为建筑层间装饰腰线。二层楼顶外墙檐部饰以线脚装饰线后，使用具有较强装饰效果的梁托对屋面板外伸部分进行支顶，外伸幅度约 500 mm。顶部则设砖石混合护栏，即使用砖砌块砌筑转角及中间栏杆柱，柱式呈中间高两侧低的"山"字形，顶部均以花岗岩条石进行压顶。柱与柱间在栏杆柱砌筑时使用花岗岩条石进行连接，使整座屋面的四周檐沿形成一个整体的防护结构，对屋顶起到了较好的保护作用，亦为整栋建筑的立面起到了重要的装饰作用。

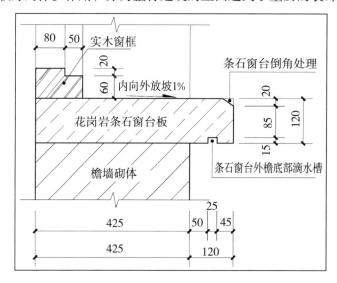

图2-6　英国领事馆旧址花岗岩条石窗台板截面图（单位：mm）

## 五、建筑下部构造

### （一）基础

基础是整栋建筑物的重要组成部分，是建筑物地面以下的承重构件，它支撑着上部建筑物的全部荷载，并将这些荷载及自身荷载传至下部的地基。北海市英国领事馆旧址地处北海市北岸，地层为第一层的人工填土层及第二层的第四系中更新统北海组冲洪积层，建筑基础埋深均在1.10 m左右，即使用第二层地基土作为持力层。根据岩土工程勘察报告的地层物理性质数据，该持力层基本满足建筑荷载的受力要求（表2-1）。

表2-1　英国领事馆旧址物理力学性质指标统计表

| 地层 | 统计内容 | 天然含水量 $W$ (%) | 比重 $G_s$ | 天然密度 $\gamma_0$ (N/cm³) | 孔隙比 $e_0$ | 饱和度 (%) | 液限 $W_L$ (%) | 塑限 $W_P$ (%) | 塑性指数 $I_P$ (%) | 液性指数 $I_l$ | 快剪 粘聚力 $c$ (kPa) | 快剪 内摩擦角 (°) | 压缩系数 $a_{1-2}$ (MPa)$^{-1}$ | 压缩模量 $E_{1-2}$ (MPa) | 2~20 (mm) | 0.5~2 (mm) | 0.25~0.5 (mm) | 0.075~0.25 (mm) | <0.075 (mm) | 水上 天然坡角 (°) | 水下 天然坡角 (°) |
|---|---|---|---|---|---|---|---|---|---|---|---|---|---|---|---|---|---|---|---|---|---|
| 含黏性中砂② | 统计个数 | 12 | 12 | 12 | 12 | 12 | 12 | 12 | 12 | 12 | 12 | 12 | 12 | 12 | 6 | 12 | 12 | 12 | 12 | | |
| | 最小值 | 17.4 | 2.72 | 1.86 | 0.620 | 66 | 27.5 | 25.2 | 12.3 | 0.12 | 21.6 | 23 | 0.26 | 4.41 | 6.9 | 20.4 | 6.5 | 10.2 | 29.3 | | |
| | 最大值 | 21.3 | 2.74 | 2.02 | 0.768 | 86 | 35.9 | 18.7 | 18.2 | 0.34 | 32.5 | 20 | 0.40 | 6.63 | 12.6 | 41.3 | 28.0 | 17.4 | 33.3 | | |
| | 平均值 | 19.2 | 2.73 | 1.89 | 0.719 | 73 | 30.9 | 16.4 | 14.6 | 0.20 | 27.87 | 16.3 | 0.32 | 5.56 | 9.3 | 35.0 | 15.0 | 14.0 | 31.3 | | |
| | 标准差 | 1.169 | 0.009 | 0.049 | 0.044 | 5.763 | 2.274 | 1.188 | 1.659 | 0.061 | 3.969 | 2.498 | 0.064 | 0.765 | 2.061 | 5.935 | 6.317 | 2.219 | 1.143 | | |
| | 变异系数 | 0.061 | 0.003 | 0.026 | 0.061 | 0.079 | 0.074 | 0.073 | 0.114 | 0.312 | 0.143 | 0.153 | 0.147 | 0.138 | 0.222 | 0.169 | 0.421 | 0.158 | 0.037 | | |
| | 修正系数 | 1.032 | 1.002 | 1.014 | 1.032 | 1.041 | 1.039 | 1.038 | 1.060 | 1.164 | 0.925 | 0.920 | 1.077 | 0.928 | 0.817 | 0.911 | 0.779 | 0.917 | 0.981 | | |
| | 标准值 | 19.8 | 2.73 | 1.92 | 0.742 | 76 | 32.1 | 17.0 | 13.7 | 0.16 | 25.7 | 15.0 | 0.34 | 5.15 | 7.6 | 31.9 | 11.7 | 12.9 | 30.7 | | |
| 含黏性砂砾③ | 统计个数 | 10 | 10 | 10 | 10 | 10 | 10 | 10 | 10 | 10 | 10 | 10 | 10 | 10 | 10 | 10 | 10 | 10 | 10 | | |
| | 最小值 | 12.1 | 2.72 | 1.90 | 0.501 | 57 | 27.7 | 15.8 | 11.8 | -0.36 | 12.2 | 27 | 0.14 | 8.19 | 27.3 | 14.0 | 4.3 | 7.1 | 25.4 | | |
| | 最大值 | 16.4 | 2.74 | 2.04 | 0.663 | 72 | 35.2 | 19.0 | 17.7 | -0.07 | 27.3 | 33 | 0.20 | 11.49 | 41.6 | 30.7 | 14.0 | 9.3 | 27.4 | | |
| | 平均值 | 14.1 | 2.73 | 1.97 | 0.580 | 66 | 31.9 | 17.3 | 14.6 | -0.22 | 17.1 | 30.1 | 0.17 | 9.64 | 34.8 | 22.9 | 7.4 | 8.5 | 26.4 | | |
| | 标准差 | 1.600 | 0.009 | 0.056 | 0.064 | 4.173 | 2.538 | 1.161 | 1.825 | 0.093 | 5.311 | 1.912 | 0.023 | 1.070 | 5.858 | 5.995 | 2.772 | 0.964 | 0.750 | | |
| | 变异系数 | 0.113 | 0.003 | 0.029 | 0.111 | 0.063 | 0.080 | 0.067 | 0.125 | -0.43 | 0.312 | 0.064 | 0.137 | 0.111 | 0.168 | 0.262 | 0.375 | 0.113 | 0.028 | | |
| | 修正系数 | 1.066 | 1.002 | 1.017 | 1.065 | 1.037 | 1.047 | 1.039 | 1.073 | 0.75 | 0.818 | 0.963 | 1.080 | 0.935 | 0.901 | 0.846 | 0.780 | 0.934 | 0.983 | | |
| | 标准值 | 15.0 | 2.73 | 2.01 | 0.617 | 68.9 | 33.4 | 17.9 | 13.5 | -0.27 | 13.9 | 29.0 | 0.18 | 9.02 | 31.4 | 19.4 | 5.8 | 8.0 | 26.0 | | |
| 粗砾砂④ | 统计个数 | | | | | | | | | | | | | | 10 | 10 | 10 | 10 | 10 | 10 | 10 |
| | 最小值 | | | | | | | | | | | | | | 30.90 | 16.70 | 12.20 | 8.10 | 5.70 | 33 | 25 |
| | 最大值 | | | | | | | | | | | | | | 45.10 | 30.70 | 26.20 | 14.70 | 12.40 | 37 | 32 |
| | 平均值 | | | | | | | | | | | | | | 37.23 | 23.42 | 20.19 | 11.23 | 7.93 | 35.1 | 28.5 |
| | 标准差 | | | | | | | | | | | | | | 4.898 | 4.726 | 3.850 | 2.192 | 2.013 | 1.603 | 2.369 |
| | 变异系数 | | | | | | | | | | | | | | 0.132 | 0.202 | 0.191 | 0.195 | 0.254 | 0.046 | 0.083 |
| | 修正系数 | | | | | | | | | | | | | | 0.923 | 0.882 | 0.888 | 0.886 | 0.851 | 0.973 | 0.951 |
| | 标准值 | | | | | | | | | | | | | | 34.4 | 20.7 | 17.9 | 9.9 | 6.8 | 34.1 | 27.1 |

北海市英国领事馆旧址基本采用青砖砌筑的刚性等高式大放脚条形基础（图 2-7）。

图 2-7　英国领事馆旧址原大放脚基础情况

使用 1∶1 石灰砂浆与 280 mm×135 mm×50 mm 的青砖进行砌筑，平均缝宽 20 mm。基础结构最底部为高 320 mm、宽 980 mm 的三合土夯实基础垫层，垫层顶部使用青砖进行砌筑，形成每层内收 70 mm、层高 120 mm、刚性角 α=30° 的四层大放脚基础。刚性基础之上则为建筑墙体的根部，砌筑材料及砌筑方法均与其下部的做法一致（图 2-8）。

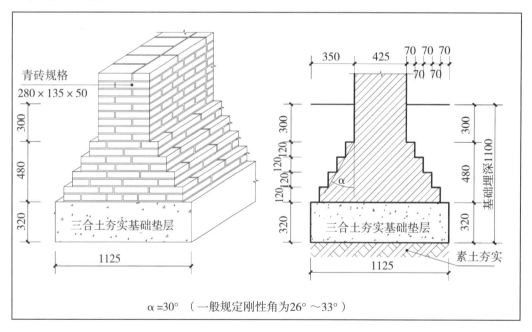

图 2-8　英国领事馆旧址平移前大放脚基础详图（单位：mm）

为配合北海市城市道路拓展的需要，广西壮族自治区人民政府于 1999 年 7 月 5 日正式向国家文物局提交将整体平移英国领事馆的报告请示，并于当年 7 月 20 日获得了国家文物局同意实施整体平移的批复。该领事馆旧址整修平移工程主要采用托换底盘施工工艺，建造导航轨道 9 条，轨道间距在 2600 ～ 3000 mm 之间，并于导航轨道上下端安装厚 10 mm 的钢板，以直径为 50 mm 的圆钢滚轴做摩擦力减小处理。使用数十台液压千斤顶作为平移的主要推动力，将英国领事馆旧址从原址斜向 50°，向东北方向成功整体平移了 55.8 m 至现址。

整体平移后，该领事馆旧址基础由原刚性大放脚青砖砌筑基础改为现钢筋混凝土基础。现钢筋混凝土基础由在拟平移目的位置提前做好的片石混凝土基础底座与平移轨道梁设置预埋钢筋孔进行钻孔锚固，并浇筑高强度混凝土进行固定加固而成（图 2-9）。

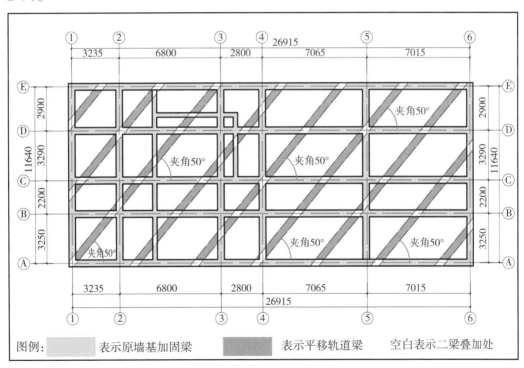

图 2-9　英国领事馆旧址现状基础梁分布图（单位：mm）

## （二）台基

台基在古代典籍中为"堂"，"堂"即台基的称谓，而非今日我们所理解的厅堂含义。《考工记通》载"堂之上为五室也"，其中堂就是台基的意思。堂发展至宋代，被称为"阶基"，清代以后便称"台基"。北海市英国领事馆旧址所使用的台基，为青砖及花岗岩条石砌筑而成的砖石混合台基，由砖砌台明及其顶部的阶条石组合而成。青砖砌筑台基，使用 1∶1 石灰砂浆与 280 mm×135 mm×50 mm 的青砖砌筑而成，墙厚多在 320 mm 左右，墙高在 1100 mm 左右。

## （三）台阶

台阶与坡道是我国古代、近现代建筑中联系台基与室外地坪的重要交通建筑构件。台阶古称"阶级""踏跺"，坡道则被称为"礓磋"。北海市英国领事馆旧址主要入口的台阶形式为如意踏跺，即除建筑一侧外，其余三侧均可通行的无垂带踏跺，其最大踏步（指最下一层）宽不超过单间房屋面阔，最小踏步（指最上一层）宽一般不小于 2.5 尺（1 尺≈33.33 厘米）。在北海近代公共建筑中，该做法仅用于北海市英国领事馆旧址的明间前檐踏跺处。明间前檐踏跺全部使用花岗岩条石、石灰砂浆坐浆砌筑而成，首步长 6 m，踏步宽 380 mm，踢步高 140 mm。明间的后檐处则设 7 级使用花岗岩条石砌筑而成的单向无垂带踏跺。

## （四）楼地面

### 1. 地面

在我国南方古代建筑当中，地面做法多为三合土夯实地面或青砖铺设地面。受我国传统建筑地面做法的影响，北海市英国领事馆旧址的地面是由木棉花图案和其他花图案组合并使用四块瓷砖拼合而成的一个整体图案，主要由黄、灰、红三种颜色组成，铺设方式均使用正铺及 45° 斜铺方式，并用干湿性石灰砂浆嵌填宽 8 mm 的砖缝（图 2-10）。

图 2-10　英国领事馆旧址地面拼花图案

## 2. 楼板

北海市英国领事馆旧址楼板采用钢筋混凝土结构，主要材料为河卵石，卵石直径在 10 ～ 40 mm 之间，其他成分以石英和长石为主，以及粒径 0.25 ～ 0.5 mm 的中砂和直径为 8 ～ 12 mm 的圆钢。因建筑时间较早，当时钢材和水泥（时称洋灰）的普及范围较小，部分建筑结构构件使用 10 mm$^2$ 的方形钢筋作为竖向受力钢筋。受施工工艺的影响，在我国的近代建筑施工中，不见使用现代的振动棒等器械进行振捣的现象。由钢筋混凝土构件局部截面可见，施工时使用人工振捣的混凝土结构孔隙率普遍偏大，且混凝土所用骨料含泥量过大，这也是近代建筑构件强度不足及构件寿命较短的主要原因之一。

## 3. 室外地面

为保护建筑基础及地基土的强度、刚度和稳定性等物理性质，室外排水采用三合土进行分层夯筑明排散水及室外地面，放坡坡度在 1.5% ～ 3.0% 之间。随着城市建设的发展，建筑物所在地的周边地面标高不断提升，为防止雨水沿着建筑墙基向下渗透，后期已使用素混凝土将室外散水及外侧场地标高相应提升，并于墙根与散水处施以沥青油膏进行嵌缝防渗，以保证基础结构及地基土的稳定，防止建筑墙体的倾斜或开裂。

## 六、建筑中部构造

### （一）墙体砌筑材料及方法

墙体砌筑材料多采用规格 280 mm × 135 mm × 50 mm 与 260 mm × 120 mm × 55 mm 的烧制黏土青砖和 1：1 中砂石灰砂浆。大部分墙体使用一顺一丁砌筑方法进行砌筑，砖缝宽 10 mm，一般不进行特殊勾缝，采用石灰砂浆及纸筋灰进行墙面保护及装饰，部分外墙面掺适量淡黄色色浆进行装饰。

### （二）墙面装饰

#### 1. 下碱——斩假石

制作时将掺入石屑及石粉的水泥砂浆涂抹在建筑台明表面，在材料硬化并达到一定强度后，使用剁斧、凿斧或各种凿子等工具剁出有规则石纹的石面样式，使其与天然石的表面形态类似。斩假石墙面的施工工艺主要由三道工序构成，即基层处理、底层和中层处理，以及面层处理（抹面层水泥石碴砂浆、试剁、分块剁琢、修整）。斩假石墙面在英国领事馆旧址中主要用于一层建筑阶条石以下，高度在 1200 mm 左右（图 2-11）。

图 2-11　英国领事馆旧址斩假石下碱

该饰面技艺为近代国外常用的重要方法之一，具有比一般涂料或刮面材料做法自洁性、防潮性更好等优越性，且斩假石可选花色多，具有纹路规则匀称、装饰性强等优点。

2. 墙身——抹灰

为达到更高的整体性和黏结强度，在石灰砂浆中掺入了适量纸筋，在墙体内外两侧使用 1 : 1 中砂石灰砂浆掺适量水泥进行打底抹灰后，面层使用 1 : 1 中砂石灰砂浆掺纸筋，部分外墙面掺淡黄色色浆进行抹面装饰，内墙则仅掺纸筋进行白色石灰砂浆罩面装饰。

3. 楼梯

楼梯作为建筑物中楼层垂直交通的重要建筑组成部分，用于楼层之间高差较大时的交通联系。北海市英国领事馆旧址建筑中采用"L"字形转角双跑式楼梯，休息平台设于阳角转角处。楼梯采用砖石砌筑结构，外侧一端支撑于青砖砌筑的楼梯墙体之上，内侧一端则支撑于室内墙体之上，踏步石及二层的楼梯口楼面边沿则使用花岗岩条石制作而成。楼梯踏步宽约 290 mm，踏步高约 160 mm，踏步外檐边外伸 20 mm、厚 35 mm，并进行圆角处理，做法既美观，又可起到防滑及防踢的作用。栏杆和扶手均使用硬木制作而成，面刷白色油漆保护。经长期观察，该硬木于每年三四月开始，当室内温度达到 28 ～ 30℃时出现油脂外溢现象，所溢出液体具有一定的黏性，呈淡黄色，无明显味道。每级踏步设栏杆柱 2 根，净间距约 100 mm。栏杆柱均采用宝瓶状、灯笼状等元素组合而成，且在灯笼状处雕刻有外凸花瓣装饰。扶手使用 100 mm×90 mm 原木制作而成（图 2–12）。

图 2–12　英国领事馆旧址楼梯及楼梯栏杆、扶手

根据该栏杆和扶手的制作工艺及木材油脂外溢现象进行分析，判断该楼梯的栏杆、扶手木材极有可能属欧洲温带气候地域所产，经海外加工成型后通过海运运至施工现场装配。

4. 壁炉

北海市英国领事馆旧址一层和二层建筑各设壁炉 3 个，分别设于每层的两个办公区域和生活区域的一个南面空间内（图 2–3）。为嵌入式燃木壁炉，炉身的砌筑方式与建筑墙体相同，外凸于墙面 330 mm，长 2186 mm，向上直伸至楼面。壁炉门脸于砌筑炉体时植入"开"字形铸铁框架，并在铸铁空隙间铺贴淡蓝色釉面花砖面板进行装饰（图 2–13）。

壁炉排烟道截面为 450 mm×255 mm。考虑到一层排烟道直通二层后与二层的壁炉存在排烟冲突，为解决如一层烧火导致烟从二层壁炉口排出等问题，一层壁炉排烟道高至 1.6 m 后向两侧呈"Y"字形分为双向烟道，并于二层壁炉排烟道顶部汇合为一体再排向建筑顶部的排烟口。排烟口顶部使用多层板瓦浆砌成"⌒"状，面抹 M 7.5 混合砂浆保护层，以达到挡雨的效果；壁炉所产生的烟气则通过其两侧向外排放。

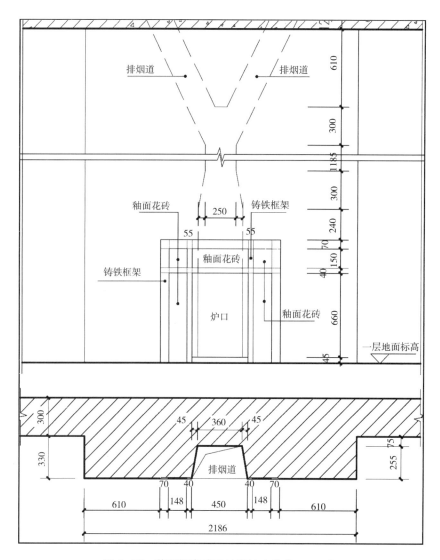

图 2-13　英国领事馆旧址壁炉（单位：mm）

## 七、建筑上部构造

### （一）屋顶

中国古建筑行业习惯将明清时期的建筑屋顶分为正式建筑屋顶和杂式建筑屋顶 2 种，正式建筑屋顶即为平面多呈长方形的庑殿、歇山、悬山、硬山 4 种；杂式屋顶则为平面不是长方形的如攒尖、盔顶、盝顶、圆顶等其他屋顶形式。而北海市英国领事馆旧址的屋顶，属于使用钢筋混凝土浇筑成平屋顶后，再于其顶部设歇山式屋面（图 2-14）。

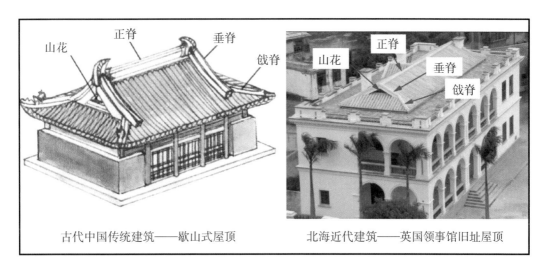

古代中国传统建筑——歇山式屋顶　　北海近代建筑——英国领事馆旧址屋顶

图 2-14　英国领事馆旧址屋顶与中国传统建筑歇山式屋顶的对比

歇山顶，即为歇山式屋顶，宋朝时称为"九脊殿""曹殿"或"厦两头造"，清朝时改称"歇山顶"，又名"九脊顶"。九脊分别为屋顶正中央的正脊、两侧的垂脊和戗脊各两条。与古代歇山顶建筑相比，北海市英国领事馆旧址所造的歇山顶屋面和对屋面、正脊和戗脊均做了较大的简化，如屋面两端均无生头木，戗脊无老角梁和仔角梁进行起翘，前后檐檩处无生头木进行升起，且屋脊均无脊刹、吻兽和走兽等脊饰。建筑两侧歇山山面处所设山花与古代建筑基本保持一致。使用杉木板于檩端安装博缝板，并于博缝板表面施以正向西马线和嵌条进行装饰，但两博缝板交汇处均不设有悬鱼。博脊则与其他屋脊所使用的材料和做法基本一致。山花以比例 3：4：3 分中部及两侧三部分，中部设厚 3 mm 的普通玻璃，并用倒角的实木线条进行压边固定，以便光线照射进内部，改善内部木结构构件的保存环境。两侧使用菠萝格木料，按中部结构的百叶窗做法进行固定安装，以便东西两侧山花进行对流通风，改善内部木结构环境。

## （二）屋面

该领事馆的屋面为采用钢筋混凝土进行浇筑的平屋面。一般建筑所称的平屋面是指层面排水坡度小于 5% 的屋面，而英国领事馆旧址的屋面坡度在 2%～3% 之间，为非上人屋面。在屋顶厚 150 mm 左右的钢筋混凝土结构层顶部设三毡四油沥青防水卷材，放坡方向均为向四面屋檐放坡排水。在防水层顶部直接使用青砖砌筑 240 mm 高的单砖砖垄，垄顶铺设 350 mm×350 mm×35 mm 的仿古红阶砖，起到了保温和隔热的作用。

（三）梁架

北海市英国领事馆旧址的屋顶梁架共采用 12 榀桁架式屋架，跨度 5.8 m，高 1.5 m，采用四节间的豪式桁架，整个桁架仅用到上、下弦杆及斜腹杆，未使用竖向腹杆。桁架全部使用菠萝格硬木制作而成，两端搁置于南北两侧 6 m 高的檐墙之上，并设花岗岩条石对梁架端部进行支撑。中央竖向腹杆下端锚固于下弦杆之上，底部则设 400 mm×400 mm 的素混凝土支墩。桁架杆件端部与其他杆件使用榫卯连接，且在杆件外侧使用 10 mm×80 mm 的钢板及螺杆进行加固。东西两端歇山由纵向桁架处各延伸三榀三桁架，两侧梁架为角梁，另一榀则为中间梁，三榀梁架与纵向桁架均使用燕尾榫相连接固定（图 2–15）。

图 2–15　英国领事馆旧址由纵向桁架延伸出的三榀梁架连接方式

（四）木基层

木基层均采用优质杉原木进行制作安装。檩条直径为 160 mm，两山处一端搁于小红山墙体之上，另一端则搁于三角桁架之上。檩与檩之间采用巴掌榫进行对接加固。檩条顶部满铺厚 25 mm 的企口拼杉木板作为屋面望板，再于其顶部安装厚 25 mm 的瓦桷板，间距 180 mm。瓦桷板上干铺板瓦与筒瓦，并使用石灰水泥砂浆对筒瓦面进行裹垄处理。

# 第二节　德国领事馆旧址

北海市德国领事馆旧址位于广西北海市海城区北部湾中路 19 号南珠宾馆（现更名为银瑞大酒店）大院内，建成于 1905 年，现存建筑为长方形的三层西式砖木结构回廊式建筑，四坡屋面，一层设地垄层，层高 2.2 m。该旧址建筑总占地面积 765 m²，总建筑面积 1382 m²。建筑通面阔 23.5 m，总进深 19.36 m。整座建筑坐北朝南，南北中轴明间开门连通，北侧廊外设 13 步垂带踏跺；南侧廊外设门廊，门廊东西两侧各设长10 m 的弧形踏跺（图 2-16）。

图 2-16　德国领事馆旧址西南立面

## 一、历史沿革

据《北海杂录·洋楼》记载："德国初无驻北海领事官，所有该国通商事务，由英领事代理。嗣于光绪二十八年，始派领事来驻，暂借税务司公馆办事。是年租小洋楼，即迁入为署，至现年乃建成新署，八月间，遂由旧居迁入。"结合其他相关史料，可知德国于 1886 年已在北海拥有领事权，但其通商事务全由英国领事代理，直至 1902 年才正式派遣领事官员法时敏进驻北海，兼顾海南海口领事业务。办公地点暂借税务司公馆，后租用小洋楼。1905 年建成办公楼后才迁入新馆，并代理海南的海口领事事务。1908 年，德国领事法时敏调离，由德国驻海南琼州领事麦令豪兼任。第一次世界大战爆发，中德宣布交战而断交，德国领事馆于 1917 年撤离北海，馆署洋房转卖他人。总之，德国虽然在 1886 年已在北海取得领事权，但是直到 1902 年才派驻本国领事到北海，1905 年建成领事馆，1917 年正式撤出北海，共在领事馆办公 12 年。

抗日战争前，该旧址交由广东省白石盐场公署使用，直至中华人民共和国成立。1949 年 12 月 4 日，国民党残部依托德国领事馆旧址负隅顽抗，与中国人民解放军部队发生激战，战斗未造成旧址主体结构损伤。1950 年，德国领事馆旧址由北海市宣传部门和党校管理使用。1983 年，北海市人民政府将德国领事馆旧址转交给北海市工商银行作为办公楼使用。1993 年，德国领事馆旧址由北海市人民政府公布为北海市级文物保护单位。1994 年至 2010 年，北海市工商银行将德国领事馆旧址作为幼儿园使用。1994 年，德国领事馆旧址由广西壮族自治区人民政府公布为自治区级文物保护单位。2001 年 6 月 25 日，德国领事馆旧址作为北海近代建筑，由国务院公布为全国重点文物保护单位。现由北海市博物馆与北海市工商银行协同管理。

## 二、建筑平面布局

### （一）原始设计图翻译与识图

#### 1. 总平面

德国领事馆旧址总平面布置主要分为领事人员办公及住宿区域、具有辅助功能的厨房及仆人生活区域和当时陆上最便捷的交通工具生活区域——马厩。该旧址的平面布置所在位置及建筑的朝向，与英国领事馆旧址平移前（即为现址西向南旋转 50°所得到的原建筑基址朝向）基本一致，均为南北朝向偏西 35°～ 40°。办公及住宿区域与中部的辅助功能区域设置连廊进行联系。按其总平面图厨房与餐厅的位置进行分析判断，该连廊顶部应设有与主体建筑一致的裹垄瓦屋面。

原始设计总平面图工程信息主要有右上角的图纸名称，按总平面图分区域进行图名标注，如该图中的"房间平面图"及"仆人房和马厩"，分两行对整幅图面所包括的图名进行标注。与我国现用建筑制图标准相比，原始设计图显得较为简单，没有会签栏及标题栏等，布图较为随意。其审批签名的位置也无严格规定。由该总平面图可见，其审批签字可位于图纸中的任意空白之处。该图的签字则位于中部连廊左侧的空白处，第一行为设计图纸审批决定，第二行为审批人签字，第三行为审批日期（图 2-17）。

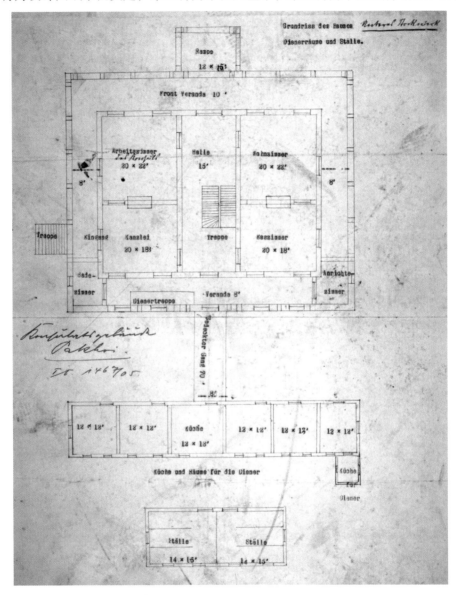

图 2-17　德国领事馆旧址原始设计总平面图

原始设计图中德文图名翻译："Grundriss des Hauses"为房间平面图；"Dienerräume und Ställe"为仆人房和马厩。

（1）办公及住宿区域

原始设计图中德文词汇翻译："Rampe"为门廊；"Front Veranda"为前廊；"Veranda"为游廊；"Dienertreppe"为仆人楼梯；"Bade-zimmer"为卫生间；"Anrichte zimmer"为储物间;"Eingang"为入口;"Halle"为厅;"Treppe"为台阶或楼梯;"Arbeitszimmer"为工作室(原图纸中德文有误;即书房);"Kanzlei"为法务部;"esszimmer"为餐厅;"wohnzimmer"为客厅。

原始设计图中尺寸:"10'"表示 10 英尺,即为 3048 mm;"20'×22'"表示 10 英尺乘 22 英尺,即 6096 mm×6706 mm(图 2-18)。

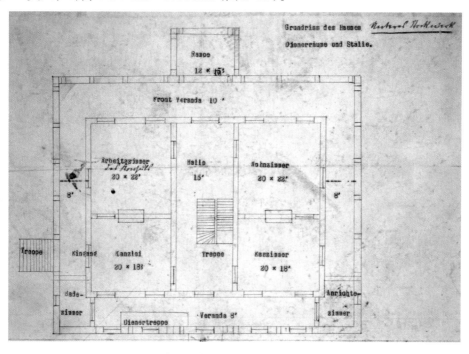

图 2-18　德国领事馆旧址办公及住宿区域平面图

办公及住宿区域为一栋三层的坡屋顶建筑,主要由台阶、外廊、中厅及房间四部分构成。台阶由南侧的主要出入口台阶、东侧的次要出入口台阶和北侧多供仆人使用的台阶组成。南侧和北侧台阶在图中未见画出,按国内制图标准进行判断,此处的建筑绘图存在标高矛盾问题,原因在于一般建筑每楼地面多处在同一个标高或最多外廊比室内标高低 20 mm 左右,而此图中东侧设 12 步台阶,如按正常的人体工程学每步150 mm 进行计算,则廊内与廊外高差为 1.8 m,而南面、西面和北面均未见有因廊内外高差而设的踏跺。

建筑主体平面呈"回"字形外廊式布局,于外廊的东北角和西北角分别隔开设置卫生间和储物间两个功能区域。北面外廊靠拱券处设有专供仆人使用的仆人楼梯。建筑室内在明间的开间范围设过厅,并于过厅中部设双跑楼梯,供领事和其他工作人员于一楼至二楼的交通联系之用。在东西两次间中部砌筑墙体,将两次间分隔为法务部、工作室、客厅、餐厅四个功能区域,壁炉于该隔墙的南北两侧各设一个。

（2）厨房及仆人生活区域

原始设计图中德文图名翻译："Küche und Räume Für die Diener"为厨房及仆人间。

原始设计图中德文词汇翻译："Gedeckter Gang 70'"为连廊，长70英尺（21.336 m）；"Küche"为厨房；"Küche Für Diener"为仆人厨房（图2-19）。

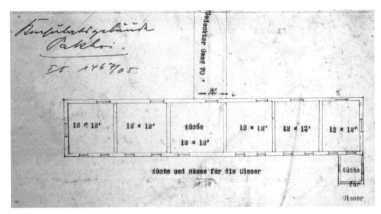

图2-19　德国领事馆旧址厨房及仆人间平面图

厨房及仆人生活区域为一栋一层六开间一进深的建筑，由五间12'×12'（3.66 m×3.66 m，面积约13.4 m²）仆人房、一间12'×18'（3.66 m×5.49 m，面积约20.1 m²）厨房及一间供仆人专用的厨房组合而成。该建筑宽8'（约2.44 m），与办公建筑相距70'（约21.35 m），与主楼朝向一致。五间仆人房均南侧各屋单设门一樘，北侧各屋设门与窗各一樘。西北角处的仆人厨房则于东侧设门、西侧设窗，规模大小未见标注。

（3）马厩

原始设计图中德文词汇翻译："Ställe"为马厩（图2-20）。

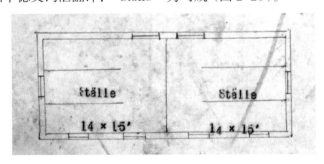

图2-20　德国领事馆旧址马厩平面图

马厩为一栋一层双开间一进深的建筑，设东西两间，每间14'×15'（4.27 m×4.57 m，面积约19.5 m²），中间使用木栏杆进行分隔。为方便马匹的管理及马厩内部的通风透气，于南侧各设门一樘，北侧各设窗两樘。东西两侧各设饮马口一个，室内设东西朝向饮马槽各一个。马厩与马棚最大的区别在于，马棚是顶部必须设有顶盖的建筑物，而马厩的顶盖设置则可有可无。该原始图纸中未见有立面图或剖面图，所以暂无法判断有无顶盖。

2. 上面层

原始设计图中德文图名翻译："Oberes Stockwerk"为上面层。

原始设计图中德文词汇翻译："Baloon"为露台；"Front Veranda"为前廊；"Veranda"为游廊；"Dienertreppe"为仆人楼梯；"Bade-zimmer"为卫生间；"Schlafzimmer"为卧室；"Fremden-zimmer"为客房；"Secretaer's Wshnzimmer"为秘书办；"Secretaer's Schlafzimmer"为秘书卧室；"Treppe"为楼梯；"Kamin"为壁炉（图2-21）。

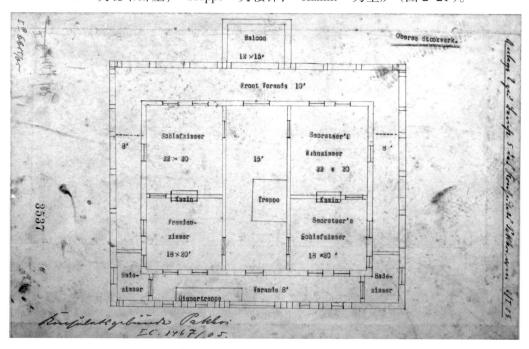

图2-21　德国领事馆旧址上面层平面图

上面层与其下一层建筑平面的室内布置基本一致，仅对使用功能进行了区分，室外廊部西北角由原储物间改为了上面层的卫生间，下一层的门廊顶部则在上面层设为露台。除北侧外，露台其余三侧均于檐部设置绿琉璃宝瓶栏杆。

（二）现存建筑平面

1. 总平面

德国领事馆总平面与德国设计的原总平面图出入较大，原设计图上位于主建筑北侧的厨房及仆人生活区域、马厩在实际中均未见其建筑或留存有建筑基址，也未见有相关记载，疑似在实际施工中将这两个区域进行了删减。现存建筑仅有办公及住宿区域、东侧、南侧及西侧均为路面或公共区域，北侧则与北部湾中路相邻，距路边的花圃约 5 m，并以铁艺栏杆进行围护（图 2–22）。

图 2–22 德国领事馆旧址现状卫星图

2. 地垄层

一层平面，即为许多人所说的地垄层，也就是负一楼。该层通过将其顶部建筑标高抬升和设置对流通风口以改善室内温室环境，为该栋建筑的上面楼层营造干燥而又舒适的环境。一层平面由南侧 3.8 m × 4.8 m 的唯一入口及南北向的明间、东西两次间和东西两稍间（顶部与南北两侧合设为廊）组合而成，东西两次间的中部设隔墙。最外侧檐墙均为使用 1∶1 石灰砂浆砌筑而成的厚 480 mm 的青砖墙体，砖缝在砌筑时将余灰抹掉而无勾缝处理，分别于东西两墙设置 3 个排气窗口，窗台筑成内高外低状，防止室外雨水飘入窗台而向室内倒流，并于该窗最外侧安装 380 mm × 380 mm 的黄色琉璃花窗。内部墙为全部使用青砖砌筑而成且与拱券相间的墙体，其拱券全部为由双层立砖砌筑而成的拱形受力体系（图 2–23）。

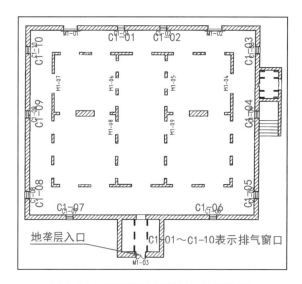

图 2-23　德国领事馆旧址地垄层平面图

### 3.标准层

在中国的建筑行业当中，通常将平面布局一致的建筑平面称为该建筑的标准层。在德国领事馆旧址中，标准层由二层和三层组成（此建筑的标准层严格来说并非完全一致的平面布局）。二层的南、北、东三面分别设"八"字弧形带栏杆的踏跺、垂带踏跺及单侧栏杆带休息平台踏跺，三处踏跺均为主体建筑向外凸出的构成部分。于"回"字形的外廊东北角和西北角分别设储物间和卫生间。原始设计图设于明间中部的双跑楼梯在实际施工时将楼梯位置改在主入口进外廊的西侧，并将原设计的双跑楼梯改为单跑且中间设休息平台的装配式楼梯。明间位置设为 4.57 m × 12.2 m 的过厅，东西两次间共设四间功能区域，室与室之间设单开门相互连通，室与过厅之间则设双开门相通。两次间隔墙中部于南北两侧设壁炉。三层平面与二层平面不同之处在于，东北角和西北角的储物间和卫生间均已取消，二层的门廊顶部则设为露台（图 2-24）。

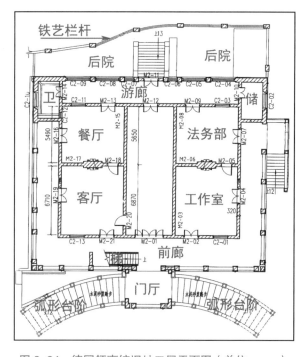

图 2-24　德国领事馆旧址二层平面图（单位：mm）

### 三、建筑立面

德国领事馆旧址立面为仿欧洲风格的券廊式和中国传统建筑风格的四坡顶（庑殿顶）屋面结合的中西合璧建筑。正立面明间前檐门廊四周均设拱券，东西两侧与"八"字弧形台阶相通，南侧券底及门廊顶部均设琉璃宝瓶栏杆、砂岩条石地栿及压顶，北侧拱券连接建筑外廊。门廊东西两侧各设三连拱券架于塔斯干式束柱之上，构成前檐宽敞的廊道；券边与柱托饰以凸凹弧形灰塑线脚，做工细巧；券顶部均设外凸装饰性拱顶石（图 2-25）。

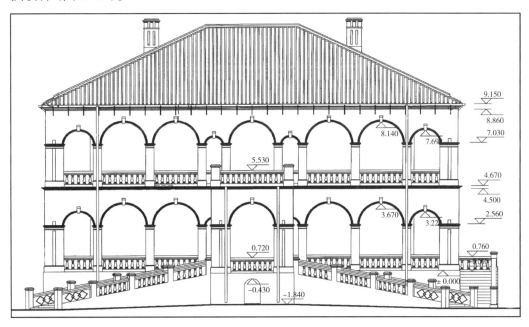

图 2-25 德国领事馆旧址正立面图（单位：m）

北立面明间范围设一组一大两小拱券组合及两侧各两个大拱券组合，明间处拱券底部与北台阶相连，其余拱券底部均设砖砌栏杆，栏杆中部设圆弧倒角四方框装饰线，东北角和西北角的隔间均无门窗洞。东西两立面除东北角和西北角的隔间安装双开百叶窗外，其余均使用五组拱券组成两山立面，券底设绿琉璃宝瓶栏杆、红砂岩条石地栿及压顶，东侧增设单跑带休息转台台阶，外檐设与外廊一致的绿琉璃宝瓶栏杆（图 2-26）。

三层外廊檐边地面的阶条位置使用条石外伸 120 mm，并于其与墙体交会的阴角处使用西马正向线脚、圆凸形线脚及嵌条组合成为建筑层间装饰腰线。三层楼顶外墙檐部饰以线脚装饰线后在其最顶线条上安装以铁支固定的铸铁排水槽，以将坡屋面的雨水汇集于分别设在四墙角的落水管。排水槽顶部则为整栋建筑物的四坡屋顶，该屋

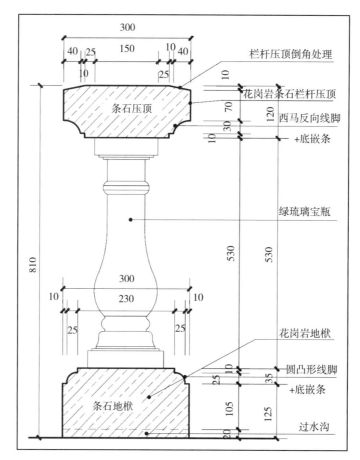

图 2-26　德国领事馆旧址外廊防护栏杆截面（单位：mm）

顶形式在我国传统建筑的屋顶形式中称为庑殿顶，但两者相比较，近代建筑的德国领事馆屋顶显得更为简单化，正脊、垂脊高度均较低矮且无脊饰或脊刹等屋脊装饰（图2-25）。

## 四、楼地面

### （一）室外地面

历经百年的历史变迁，室外地面已随着城市的发展及出于对建筑基础保护的需要，经历了多次的更改与填筑，原室外由三合土夯筑的地面及墙体根部的排水明沟已被拆除或覆盖，改为现存的厚150 mm的素混凝土地面；墙根部已全部改为现存的自然放坡散水的排水形式，且根部未见采用环氧树脂或沥青膏等防水材料进行嵌缝保护。

### （二）地面

德国领事馆旧址地面主要设于一层地垄层。从该旧址地面现存破损点可见，地面由三合土分层夯筑而成，黄色黏土、石灰、中砂使用比例约为 0.5 : 1 : 1，该比例的三合土趋向于灰土；夯实厚约 100 mm，因厚度不足等原因，现存地面多处出现空鼓、外胀或分层剥离（图 2-27）。

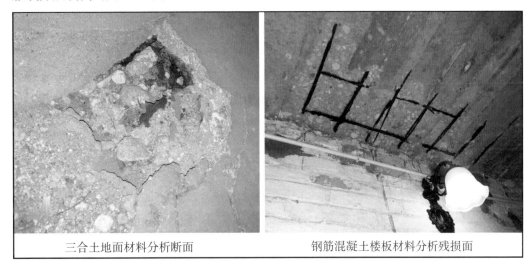

三合土地面材料分析断面　　　　　　钢筋混凝土楼板材料分析残损面

图 2-27　德国领事馆旧址三合土地面及钢筋混凝土楼板材料分析图

### （三）楼栿和楼板

德国领事馆旧址二层（包括主入口门廊）和三层楼面均使用直径为 180 mm 杉木楼栿支撑其顶部的荷载，楼栿顶部设厚 30 mm 的杉木楼板，再施厚 35 mm 的石灰砂浆结合层，后在其顶部铺设 330 mm×330 mm×35 mm 的仿古红方阶砖作为最表层地面。因该旧址所处位置为常年雨水充沛的亚热带海洋性季风气候地区，雨水长期飘落于外廊地面，对其内部的木基层破坏较严重。后将外廊的木楼栿、楼板结构拆改为现存的钢筋混凝土结构方阶砖地面。钢筋混凝土结构使用河卵石、中细砂为骨料，直径为 8～10 mm 的圆钢，受力筋和分布筋设置间距均为 200～250 mm。但因拆改时期较早，施工人员对钢筋混凝土技术及影响因素的了解不深，所增设的钢筋混凝土梁、板等构件钢筋保护层厚度不足，且由于混凝土振捣不到位等原因，钢筋混凝土构件多出现露筋、保护层外胀、构件受拉区混凝土剥落等情况，钢筋锈蚀严重（图 2-27）。

## 五、建筑中部构造

### （一）墙身

德国领事馆旧址墙体砌筑材料采用规格为 280 mm×135 mm×55 mm 和 260 mm×120 mm×55 mm 的烧制黏土青砖、1∶1 石灰砂浆，大部分建筑均使用一顺一丁砌筑方法进行砌筑，砖缝宽 10 mm 的一般不进行特殊勾缝，而采用石灰砂浆或纸筋灰进行墙面保护及装饰。该旧址墙面装饰分为室外墙面和室内墙面，室外墙面装饰包括外檐墙面和外廊的两侧墙面装饰，均抹厚 25 mm 的 1∶1 石灰砂浆打底，再抹厚 5 mm 的纸筋砂浆面层，刷淡黄色外涂料。室内墙面装饰打底材料和面层材料与室外墙面保持一致，但室内墙表面则以白灰刮面装饰。

### （二）楼梯

从德国领事馆原始设计图中可知，原设计思路为二层至三层设两处楼梯交通，一处位于北侧外廊，另一处则设于室内明间的中部。而在实际施工时对原设计的楼梯包括位置及形式均做了较大的调整，即将原设计的仆人楼梯取消，并将明间中部的楼梯变更至前廊西侧，且将原双跑楼梯变更为现存的单跑且中部设休息平台的装配式楼梯。该装配式楼梯中部休息平台及顶部与楼面搭节处的底部均使用砌体进行砌筑支撑，仅对两侧楼梯梁进行钢筋混凝土浇筑，踢步及踏步均使用预制钢筋混凝土构件进行安装，并于两侧设置木扶手及铁艺栏杆进行安全防护。

### （三）壁炉

壁炉是欧美国家生活文化的重要组成部分，既可用于冬天取暖，亦可在壁炉的各个位置进行装饰，为建筑空间增添了艺术装饰元素。

在北海市德国领事馆旧址中，壁炉既反映了西方列强派遣来的官员在北海的奢华生活，又反映了西方官员有意通过展示此种高贵的欧洲生活方式，表达其文化的"优越性"。

在德国领事馆旧址主体建筑当中，壁炉主要分布于二层的两次间隔墙之上，南北两侧各设一个。排烟均从二层排至三层，于二层墙顶会合于一个排烟道，通过屋顶的烟囱排出（图 2-28）。

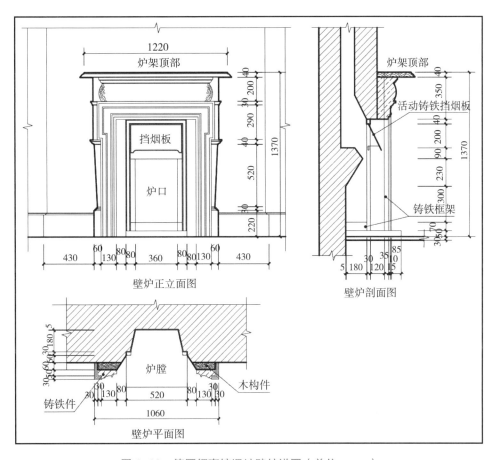

图 2-28　德国领事馆旧址壁炉详图（单位：mm）

### （四）门窗

门窗分为一层门窗和标准层的二、三层门窗，一层与标准层门窗形式相差甚大。一层门窗主要起到分隔及通风透气的作用，故于东西两侧各开 3 樘、南北两侧各开 2 樘 800 mm×800 mm 的琉璃花砖窗户，属无开关常年漏空透气的固定窗。四面所设窗户东西、南北完全对称，使一楼室内气体得到有效地循环流通，对其上部建筑的室内环境起到了防潮保暖的作用。一层门则设于门廊底部的最南侧墙体之上，门高约 1.6 m，该门的结构形式与上部建筑门的结构也有着相当大的区别，将使用 25 mm×30 mm 的铁制方形管焊接而成的铁门骨架，与使用铁片及圆铁对其内部焊接而成的花瓣形装饰组合成为一个艺术感较强的铁艺门。该门对一层室内空气的进气及室内环境的改善起到重要作用。

二层与三层门窗主要由室内隔墙门每层 8 樘，外廊内部墙上门二层 12 樘、三层 10 樘，南北廊内部墙每层各设窗 2 樘，以及东北角和西北角分隔的小空间东西两侧每层各设窗 1 樘组合而成。除二层南侧主入口门为四开五抹带亮子单层实木门外，其余外廊内墙上门均为内层设双开五抹带亮子实木门及外层的四抹双开百叶门，抹边均设线条装饰。室内隔墙上均设单层三抹单开门。南北两面及东北角、西北角墙上的双层窗均由内层三抹双开顶部设亮子的厚 3 mm 普通玻璃窗和外层三抹双开百叶窗组合而成。

该建筑内的双层门或双层窗，均可根据使用者的需求来选择全部打开或是内外层局部打开。内外双层均关闭时，能对寒冷冬天里的室内保暖起到较好的作用；而在炎热的夏季，也可只打开内层的门窗，关闭外层的百叶窗，且处于关闭状态的百叶窗，其窗叶仍可随意打开。如此设计，既可满足室内采光通风需求，又可保证室内人员处于一个隐蔽而又安全的环境。

## 六、屋顶

### （一）屋面

德国领事馆旧址屋顶正脊最高约 4.62 m，屋面均使用 270 mm × 270 mm × 10 mm 的红色板瓦压七露三铺成底瓦，以蚰蜒当为中线铺设 210 mm × 90 mm × 10 mm 的筒瓦，并使用 1 : 1 : 3 水泥石灰砂浆对筒瓦面进行裹垄，成型垄宽 130 mm，走水当宽 150 mm，瓦垄中距 280 mm（图 2-29）。

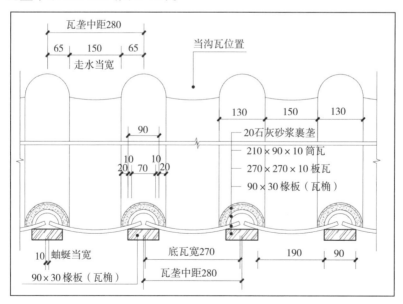

图 2-29　德国领事馆旧址裹垄瓦面做法截面图（单位：mm）

## （二）梁架

德国领事馆旧址屋顶由明间、两次间及其他部分组合而成，于明间两缝墙体直砌至屋顶直接搁檩。东西两次间及外廊部分使用木桁架支撑圆檩，东西两次间均各设两榀由明间两缝砖墙中部搭至东北、西北、东南、西南墙角，桁架为由上弦杆、下弦杆、3根竖向腹杆及3根斜向腹杆组合而成的单坡式梁架。明间两缝中部搭至东、西两山墙中部各设一榀由上弦杆、下弦杆、3根竖向腹杆及2根斜向腹杆组合而成的单坡式梁架。于东北、西北、东南、西南墙角交会形成正方形的桁架分别为HJ02和HJ18、HJ05和HJ07、HJ09和HJ11、HJ14和HJ16，共8榀，均由上弦杆、下弦杆、1根竖向腹杆组合而成。位于明间两缝前后外廊顶部的桁架分别为HJ03、HJ04、HJ12、HJ13，共4榀，全部仅由上弦杆和下弦杆组合而成（图2-30）。

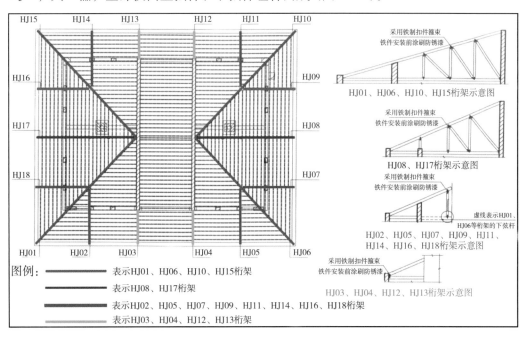

图2-30　德国领事馆旧址桁架分布及梁架形式示意图

## （三）木基层

木基层除中央开间的明间部分搁置于明间两缝墙体之上外，其余木基层均搁置于支撑屋面荷载的桁架之上。该旧址屋顶木基层主要由檩条及椽子组合而成，檩条采用直径为180 mm的优质杉原木制作而成，最终成品直径为160 mm，安装时水平投影间距约475 mm。于檩条顶部铺设固定90 mm×30 mm的成品杉木椽子，铺设间距180 mm，270 mm×270 mm×10 mm的红色板瓦压七露三铺成底瓦，以蚰蜒当为中线铺设 210 mm × 90 mm × 10 mm 的筒瓦，并使用 1 : 1 : 3 水泥石灰砂浆对筒瓦面进行裹垄，成型垄宽 130 mm，走水当宽 150 mm，瓦垄中距 280 mm。木基层所有木构件均施板栗色调和油漆，一底二面，三遍成活（图 2-31）。

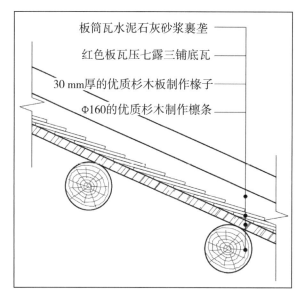

图 2-31　德国领事馆旧址木基层详图（单位：mm）

（四）吊顶

吊顶主要由三层顶部的木楼楞及作为吊顶面层内部的板条基层组合而成。楞木采用直径 180 mm 的优质杉原木制作而成，最终制作成直径为 160 mm 的圆形楞木成品安装于各开间墙体顶部的预留孔洞之内，入墙部分木构件均在与墙体接触处满涂沥青两道，作为对木构件的防潮防腐等保护。20 mm × 30 mm 的杉木板条吊顶木基层固定于楞木底部，该板条安装时采用 10 mm 间距的方法进行安装，其主要目的在于后期灰浆抹面时将灰浆压至板条顶部并向外溢出，灰浆达到设计强度后可加大板条与灰浆的牵拉作用。在表面批抹的纸筋石灰砂浆，使得装饰面层与板条基层形成了一层稳定的融合体。

## 第三节　法国领事馆旧址

法国领事馆旧址位于广西北海市海城区北部湾中路 32 号（北海迎宾馆内），建成于 1890 年，现存建筑为平面呈"凹"字形的三层西式砖混结构平屋面回廊式建筑。屋顶为钢筋混凝土平屋面，一层设地垄层，层高 1.8 m。建筑通面阔 37.27 m，总进深 22.44 m，现存建筑总高约 10 m。该旧址建筑总占地面积 783.32 $m^2$，总建筑面积约 2740 $m^2$。整座建筑坐北朝南，南北中轴明间开门连通，北侧廊外设 12 步垂带踏跺，南侧廊外设双跑带栏杆踏跺（图 2-32）。

图 2-32　法国领事馆旧址南立面

## 一、历史沿革

法国于 1887 年在北海设立领事馆，至 1950 年撤出，历时 63 年。该馆是外国驻北海时间最长的一个领事馆。该馆先后共有 19 任正（副）领事。法国领事馆旧址建成于 1890 年，建好后作为法国领事馆办公楼。该馆在 1905 年还兼理东兴领事及北海法学堂、法医院事，又代理葡萄牙在北海的商务活动。1950 年法国领事官撤出后，旧址由北海市人民政府代管，曾作为钦州地区干部疗养所、北海市人民政府招待所。1973 年，使用单位北海饭店（现更名为北海迎宾馆）将原坡屋顶拆除后在原建筑的基础上加建一层，屋顶改为现存的平屋顶。该旧址现为北海市迎宾馆 5 号楼（贵宾楼），1980 年至 1998 年间，曾接待过国家领导人与重要外宾。2001 年 6 月 25 日，该旧址作为北海近代建筑，由国务院公布为全国重点文物保护单位。

## 二、建筑平面布局

### （一）原始建筑平面

法国领事馆旧址建成于 1890 年，至 1973 年由使用单位对该旧址进行维修扩建前，该建筑为带地垄层的一层建筑。但据现有的老照片（拍摄角度分别为北向南和南向北）可见（图 2-33、图 2-34），在该旧址的西侧山墙处附设有一平面呈八边形的瞭望楼，顶部高度基本与该旧址的正脊持平，总高约 9.5 m。

图 2-33  法国领事馆旧址北立面（北向南）    图 2-34  法国领事馆旧址南立面（南向北）

该旧址的平面布局为前内廊与后外廊相结合的形式，即前面（北面）在"凹"字形内凹横杠处延伸至东西两山墙设为内廊，而最底部横杠处则设为背面（南面）的外廊，整个原始平面示意图如图 2-35 所示。

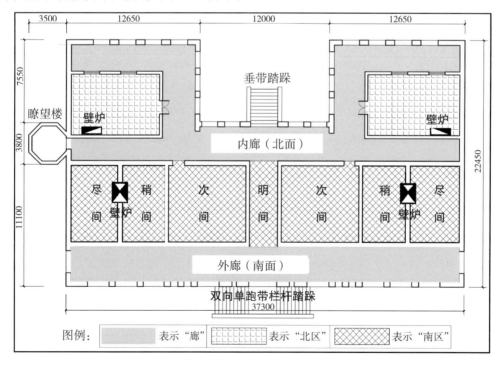

图 2-35  法国领事馆旧址原始平面示意图（单位：mm）

建筑平面主要分为北区、南区、内外廊及瞭望楼四部分，北区即"凹"字形东西两侧凸出部分，东西两侧各设房一间；南区由中轴线的过廊（明间）、东西两侧的次间、稍间及尽间组成；廊则由北面的内廊及南面的外廊组成；瞭望楼位于整栋建筑的西山墙外侧，由内廊辟开门洞进入楼内。

墙体砌筑材料多采用规格 280 mm×135 mm×55 mm 和 260 mm×120 mm×55 mm 的烧制黏土青砖、1：1 石灰砂浆。大部分建筑均使用一顺一丁砌筑方法进行砌筑，砖缝宽约 10 mm，一般不进行特殊勾缝，而采用石灰砂浆及纸筋灰进行墙面保护及装饰，部分外墙面掺适量淡黄色色浆进行装饰。

### （二）现存建筑平面

#### 1. 总平面

北海市法国领事馆旧址现存建筑所在地总平面大概布局为旧址东依 1973 年后期修建的法国领事馆厨房等服务区域，与该旧址主体建筑相距约 5 m；南靠北海市人民政府接待办公室，与该办公室相距约 30 m，中间相隔院内道路，建筑主体墙根外留有 10～15 m 的空地；西侧墙根 1 m 范围设散水及排水明沟，沟边设院内道路，并设公园里莱德威酒店停车场；北侧墙根外留有消防通道约 8 m，通道外设绿化花草树木。南、西、北三侧均由约 5 m 院内道路与其他区域分隔开来，形成一个不封闭而又比较明显的区域范围。

#### 2. 一层、二层平面

建筑本体平面布局分为南区与北区，两区均为东西两侧对称的组合方式，对称轴设于南北出入口明间中心线。东西两山墙处为遮挡西晒不设廊外，其南部、中部及明间北部均设廊进行空间分隔，使建筑内部空间的防晒、防雨和各空间的联系达到最便捷的效果。明间位置之北设 12 步垂带踏跺，踏宽 1.5 m，踏深 0.35 m，踢步高 0.16 m。全部使用花岗岩条石铺筑而成，两侧垂带则使用青砖砌筑，达到设计标高后再使用直线磨角的花岗岩条石压顶；明间位置之南则设由东西两向单跑带栏杆的踏跺组合而成的一个双向的踏跺，经中间所设的休息平台后进入主体建筑明间的外廊处，经明间通道与中部所设廊相连接，以实现与建筑各区域之间的交通联系。在最早留下的南、北两侧所拍到的照片中，该建筑的原始设计图中最西侧山墙与内廊交会的外侧设有八边形瞭望楼。该楼的顶部设国旗杆基座，且时刻保证该国国旗于旗杆上飘扬，以宣示其在该区域内的主权。

二层建筑物由时称北海饭店的使用方于 1973 年对该建筑进行了维修扩建，即对该建筑的内部布局做了略小的调整，并将西山墙外的瞭望楼进行了拆除，将一层屋顶的木结构桁架拆除后再把原一层的楼楞及板条吊顶改为现存的钢筋混凝土楼板，再于所改动的楼板面上扩建加高一层，即形成了现存建筑的第二层，并将其原有的屋顶形式改为现存的钢筋混凝土平屋面。将明间处的通道南端使用青砖砌筑进行封堵，在该通道内新增中间设休息平台的双跑钢筋混凝土楼梯，以此作为一层至二层的通道。

### 3. 地垄层

一层标准层墙下券顶（横向）、纵向及地板下券顶均为顶部楼地面向下传递荷载的重要组成构件。横纵双向券顶受力、横向墙下券顶受力主要由基础顶部墙体砌筑至 –0.910 m 标高处开始起砖拱单皮立砌砖券，拱矢高在 150 mm 左右，跨度为 800 mm 左右的小跨度拱券，矢跨比约 0.19；纵向墙下券顶受力由基础顶部墙体砌筑至 –1.360 m 标高处开始起砖拱砌筑三层券砖，拱矢高在 450 mm 左右，跨度为 1750 mm 左右的跨度拱券，矢跨比约 0.26；楼面荷载传递结构于两横向墙上砖券顶部 –0.460 m 左右标高开始起拱砌筑单皮立砌砖券，将楼面荷载向两侧横向墙体传递，拱矢高和跨度分别在 310 mm、2350 mm 左右，拱券矢跨比约 0.13（图 2–36）。

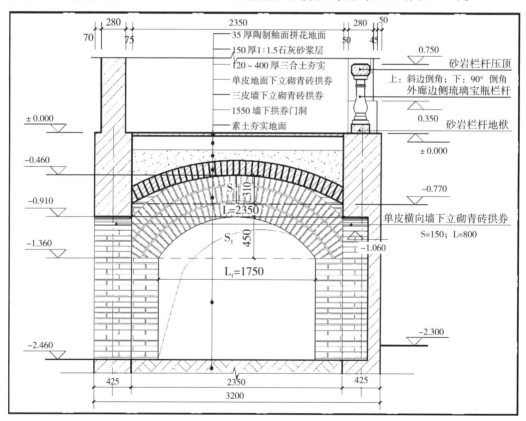

图 2–36　法国领事馆旧址楼地面荷载传递结构示意图（单位：尺寸数值为 mm，标高数值为 m）

建筑台基四周设排气窗口，分别于东侧设 3 樘，于南侧设 4 樘，于西侧设 3 樘，于北侧设 4 樘。排气窗规格为 700 mm×600 mm，窗台筑成内高外低状，防止室外雨水飘入窗台而向室内倒流。该窗最外侧原安装直径为 20 mm 的圆形铁窗棂（根据原始立面图所显示），现已使用铝合金片做成百叶窗样式进行安装。室内为全部使用青砖砌筑砖墙与拱券相间的墙体。由建筑外围的台基砌体和室内的荷载传递结构砌筑的拱券及其券脚砌体，形成了一个横向与纵向墙券相间的连续拱券群（图 2-37）。

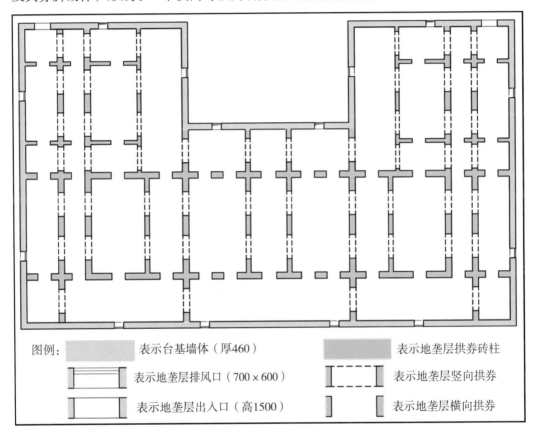

图 2-37　法国领事馆旧址地垄层平面示意图（单位：mm）

## 三、建筑立面

### （一）原始建筑立面

法国领事馆旧址立面为仿欧洲风格的券廊式和中国传统建筑风格的坡屋顶屋面结合的中西合璧建筑。正（北）立面"凹"字形的内凹部分的三向外墙地垄层东西侧各设排气窗口 1 个；正北向于踏跺两侧各设排气窗口 1 个。"凹"字形两翼的地垄层设出入口及排气窗口各 1 个。东西两山墙的地垄层各设排风窗口 2 个，南面于踏跺两侧各设排风窗口 2 个。一层除东西两山墙上未设拱券外廊外，其他建筑立面外廊均设拱券，拱券底部设砂岩条石地栿及压顶对其中部绿琉璃宝瓶进行固定。所设外廊均以拱券架于塔斯干式束柱之上，构成内外廊结合的建筑布局，方便平面各区域的相互交通；券边与柱托饰以凹凸弧形灰塑线脚，做工细巧；券顶部均设外凸装饰性拱顶石。中轴线上的明间北端设 12 步垂带踏跺，南侧则设双向单跑踏跺，外檐安装与外廊一致的琉璃宝瓶栏杆。

对于该旧址的原始建筑立面来说，还需注意两部分立面组合内容。一是在该建筑北面东西端檐墙上，即地垄层两出入口之上，设有象征着法兰西共和国一个国家或是一个象征权威的"法西斯"图案。罗马共和国时期，罗马最高执政官身边专门设有 12 名侍卫，每名侍卫肩上扛着一把装有斧头的束棒，用于对罪犯的惩罚，轻者用棒，重者则使用斧头直接处决。该实施刑罚的束棒称为"法西斯"，也是罗马共和国和罗马帝国时期的罗马政府法律和权威的象征。在该旧址正面两侧的浮雕图案，则清楚展示出了一把直立着顶端带斧头的束棒与两面蓝色、白色、红色相间的国旗组合在一起。二是位于该建筑的最西端，山墙之外，附设有一平面呈八边形的瞭望楼，顶部高度基本与该旧址的正脊持平，总高约 9.5 m。设爬梯可达该瞭望楼顶部进行观察活动。楼顶设有专为扦插国旗的国旗杆基座，且时刻保证该国蓝色、白色、红色相间的国旗于旗杆上飘扬，以宣示其在该区域内的主权（图 2-38）。

图 2-38　法国领事馆旧址北立面

立面的顶部则主要由屋檐、屋面及壁炉烟囱组合而成。屋檐为在砌筑墙体至相应标高时有意将砖叠涩外伸或内缩，以形成凹凸线条状。在对墙面装修时对砖面进行抹灰、凹凸线条拉平直，以形成美观的装饰线组。屋面则全部使用当地纯手工制作的 270 mm×270 mm×10 mm 烧制红色板瓦（蚰蜒当宽 10 mm）及 210 mm×90 mm×10 mm 的筒瓦；砂浆裹垄瓦面采用厚 15 mm 的 1：2 石灰砂浆抹底后，面罩厚 5 mm 的 1：1 石灰砂浆掺适量纸筋的纸筋灰面，裹垄宽 130 mm，瓦垄中距 280 mm，走水当宽 150 mm（图 2-39）。由老照片中北立面和南立面可见西侧设两条烟囱，按中国传统及该旧址东西两侧的中轴对称关系猜测，应该为东西两侧各设两条烟囱。烟囱由青砖砌筑而成，高出屋面约 2 m，顶部设叠涩砖砌筑形成装饰线条，未见设有排烟口顶部的防雨构造。

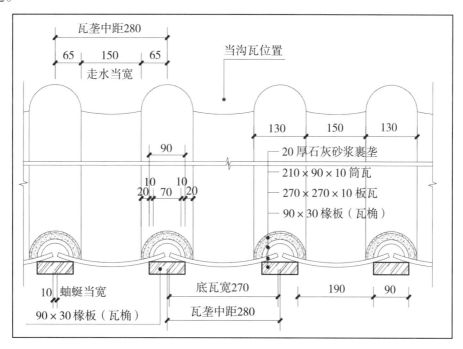

图 2-39 法国领事馆旧址原裹垄瓦面做法（单位：mm）

## （二）现存建筑立面

法国领事馆旧址于 1973 年由使用单位进行了维修扩建。该维修扩建工程对建筑立面改动极大，主要有以下几方面：一是将原南面的后门加建 2 根圆形钢筋混凝土柱，柱顶与前檐墙新增约高 500 mm 的弧形钢筋混凝土梁，弧形中部留空部分则安装厚 10 mm 的钢化玻璃作为顶盖；棚后改为主体建筑的主入口，并将该建筑命名为"五号楼"（图 2-33）；二是将原坡板筒瓦坡屋面拆除后在一层楼顶浇筑钢筋混凝土楼板，并在其顶部增加一层红机砖与石灰砂浆砌墙，钢筋混凝土浇筑非上人平屋面的建筑，新增建筑高约 4.5 m；三是将建筑西山墙外侧的瞭望楼全部拆除至基础根部，原北侧内廊西端与之相连的门洞口已全部封堵；四是将北立面东西两侧有着"法西斯"意义且代表着法国国徽意义的浮雕图案全部铲除；五是将北侧拱券底部的栏杆拆除，并对该券进行封堵，改造为铝合金推拉窗；六是将各拱券束柱线脚等装饰线全部铲除，仅以抹灰外凸 20 mm 的装饰边代替；七是将原来的纸筋灰土黄色外墙装饰面全部改为了现存的石米装饰墙面；八是将地垄层外围墙体中所设的铁制排气窗口改为现存的百叶窗样式的铝合金片窗，以防止雨水飘落或溅落至地垄层的室内。

## 四、楼地面

### （一）室外地面

时过境迁，室外地面原建筑周边的小草小树苗已变成了现存的参天大树，原北侧大门的灰土小道、其周边的草坪还有建筑墙根使用灰土进行夯实的散水，已全部被改为素混凝土地面，并在表面铺设了 120 mm×120 mm 的防滑方砖。南北两面及东侧地面的积水全部由墙根部的散水排至距墙根 1.2～1.5 m 的排水暗沟，西侧则设 200 mm×150 mm 的排水明沟进行排水，进而汇至市政排水管道排出。

### （二）地垄层地面

因地垄层顶部的一层地面均由青砖砌筑拱券进行荷载传递，故在该地垄层所设券底砖墙较为密集，空间较狭窄细小，不利于对该层的利用，所以该层主要功能为存放一年中较少使用到的杂物，忽略了该地垄层的地面做法，现存地面仅为素土夯实地面。因对该层各砖砌体残损点进行过维修，地面堆积有较多维修留下的建筑垃圾。

### （三）楼板

该楼一层楼地面有着与众不同之处，即地面底部的支撑结构无梁、楼楞或楼板等构件，而是全部使用青砖砌筑横向与纵向相结合的拱券进行承重，将楼地面全部荷载传至拱券柱或墙体之上，并由柱或墙直接传至地下的基础部分（图 2-38）。砖券之上使用厚 120～400 mm 的三合土夯实，在厚 150 mm 的石灰砂浆掺适量水泥的过渡层上面铺厚 35 mm 的陶制釉面拼花砖地面。二层楼面为 1973 年所改造的钢筋混凝土楼板，楼板结构层之上铺设与一层地面相似的陶制釉面拼花砖地面。

### （四）楼面

后期改造的二层楼面已完全改变了原始屋面形式，现存的楼面全部为钢筋混凝土浇筑而成，屋面板自建筑外墙向外延伸约 900 mm 作为挑檐，以有效保护建筑外墙面及防止雨水从拱券或窗口飘入而对建筑本体造成破坏。于厚 150 mm 左右的钢筋混凝土屋面结构层顶部设三毡四油沥青防水卷材，放坡方向均向房子屋顶平面的阴阳角处，雨水汇集后从直径为 150 mm 的 PVC 落水管排出至墙根外散水。在防水层顶部直接使用水泥石灰混合砂浆和红机砖砌筑高 240 mm 的单砖砖垄，垄顶铺设 350 mm × 350 mm × 35 mm 的仿古红阶砖，对该座建筑起到了保温和隔热的作用。沿着屋顶平面的外檐走向，使用水泥石灰混合砂浆及 240 mm × 115 mm × 53 mm 红机砖砌筑厚 120 mm、高 400 mm 的外檐女墙，墙顶设厚 240 mm 的压顶。

## 五、建筑中部构造

### （一）墙身

该旧址原始建筑地垄层及一层墙体采用规格 280 mm × 135 mm × 55 mm 和 260 mm × 120 mm × 55 mm 的烧制黏土青砖、1 : 1 石灰砂浆砌筑。地垄层使用一顺一丁砌筑方法进行砌筑，而上部的一层建筑砌体则使用规则的三顺一丁砌筑方式。砖缝宽 20 mm，地垄层不进行特殊的勾缝处理而保持粗糙的清水砖面。一层砖砌体则采用石灰砂浆打底，再用纸筋灰进行室内墙面装饰保护，做法为先抹厚 25 mm 的 1 : 1 石灰砂浆打底，再抹厚 5 mm 的纸筋砂浆面层，刷淡白色墙漆。外墙则全部使用石米对墙面进行粘贴装饰，其做法为将掺石米的水泥砂浆抹于建筑物的外墙表面，待表面初凝后，以硬毛刷或以喷浆泵、喷枪等喷清水冲洗，冲刷掉面层水泥浆皮，从而使石米半露出墙面（图 2-40）。

后期修建的二层砌体使用现代常用的 240 mm × 115 mm × 53 mm 红机砖砌筑，砌筑方法则使用南方少用到的无眠空斗砌法砌筑空斗墙。墙面抹厚 25 mm 的 M5 水泥砂浆打底后面刮腻子白灰饰面。

图 2-40　法国领事馆旧址外墙石米装饰

（二）楼梯

为解决新增的二层建筑与一层建筑之间的交通问题，对明间南侧的过廊孔洞进行全面砌筑封堵，再于明间过廊内部增设使用钢筋混凝土浇筑的双跑且中部设休息平台的楼梯。楼梯坡度较缓，行走舒服，踢步高约 150 mm，踏步宽可达 280 mm。

（三）壁炉

因该建筑在维修扩建时已将壁炉的炉身、炉膛及其排烟道等组成部分全部拆除，现已难查出该建筑内部的壁炉形式，也无其他资料记载。

按原建筑的老照片所呈现出的各建筑构造及其他西方建筑在北海市所采用的中轴对称关系猜测，该旧址原建筑为东西两侧各设 2 条烟囱，即建筑内至少设置有 4 个壁炉。如该建筑内的壁炉有如德国领事馆两侧设置的，则该建筑最多有 6 个壁炉（图 2-36）；如法国领事馆旧址原始平面示意图所示的南面两个壁炉有可能为双侧设壁炉，而若北面双侧设壁炉，其另一侧为内廊，故设置毫无意义。

（四）门窗

建筑东西两山墙上的窗洞口已基本砌筑砖墙封闭，南北两檐墙上则在原拱券的基础上安装了茶色玻璃窗。顶部的半圆形拱券安装固定式铝合金玻璃窗；中部则安装双扇或三扇铝合金推拉窗；下部原有的琉璃宝瓶栏杆则在外侧保持原有形状，未影响立面原本的感观效果，但已在内侧使用砌块进行砌筑封堵，以阻挡飘雨或寒风（图2-41）。

图 2-41　法国领事馆旧址门窗

为使该文物建筑得到更好和更充分的保护与利用，室内门窗历经多次的装修与拆改，现存室内门均使用现代的双开复合门，室内窗则与建筑外墙上所添加的窗样式一致。

# 第三章

## 宗教类建筑

# 第一节 北海天主堂旧址

## 一、历史沿革

19世纪70年代，法国天主教传入北海市区，最初由法教会在泰街（今珠海东路）买地建屋传教。清光绪七年（1881年），教址迁建到当时的广西行（今中山东路百货大楼）后面。1918年，由法籍颜神父（北海天主堂第三任本堂神父，是一位工程师）在今天主堂旧址设计和主持建造了一座建筑面积为250 m² 的教堂。从19世纪70年代至20世纪50年代中期，先后共有17任本堂神父，其中法籍神父11人，瑞士籍、爱尔兰籍神父各1人，华籍神父4人。1923年，涠洲天主教区从涠洲岛迁至北海市区，改名北海教区，同样隶属于法国"远东传教会广东天主教区"。1956年起，北海天主堂停止了传教活动。"文化大革命"时期，受"破四旧"运动的冲击，北海天主堂受到较严重的损坏，教堂前的钟楼被拆除。"文化大革命"结束后，该旧址由北海市天主教会管理使用。1993年，该旧址由北海市人民政府公布为北海市级文物保护单位。1994年，该旧址由广西壮族自治区人民政府公布为自治区级文物保护单位。2001年6月，该旧址作为北海近代建筑，由国务院公布为全国重点文物保护单位（图3-1、图3-2）。

图3-1 北海天主堂旧址教堂现状

图 3-2　北海天主堂旧址神父楼现状

## 二、建筑结构与特征

### （一）建筑现状与特征

北海天主堂旧址位于北海市解放路下里村 2 号，坐西朝东，由教堂与神父楼组成。其中，教堂由钟楼、厅堂、祭台间三部分组成，具有西欧 10—12 世纪罗马式教堂建筑风格，建筑面积 316.8 m²。天主堂旧址教堂和神父楼的建筑平面形式分别为前出廊式（图 3-3）和"凹"字形式（图 3-4）。

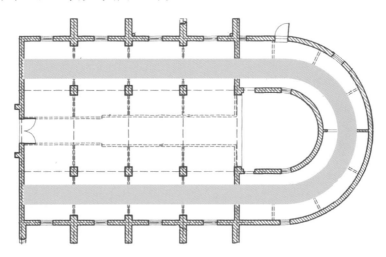

图 3-3　北海天主堂旧址教堂平面示意图

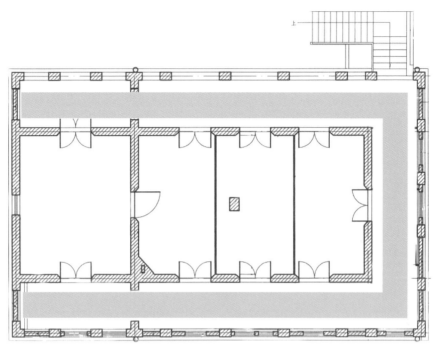

图 3-4　北海天主堂旧址神父楼平面示意图

　　在教堂的大门前原有一座钟楼，其被毁于"文化大革命"时期。2014 年，北海市文化局（现北海市旅游文体局）根据遗留下来的历史照片及手绘图对该钟楼进行重建（图 3-5）。钟楼的平面呈正方形，是依教堂中厅前檐而建的三层建筑。在一层北、东、南三面作砖拱券门各 1 个，拱券为半圆形。在南北檐墙外侧设有扶壁柱，扶壁柱的形式与中厅外墙的扶壁柱一样，都为下大上小逐层收分的楔形样式；在一层至二层的外墙拱券窗洞则增加为 2 个，而拱券尺寸比一层的小。

图 3-5　北海天主堂旧址钟楼现状

教堂的主体是一个长方形的大厅堂，内部由两排柱子纵分为三部分。中间的部分宽且高，为中厅，两翼的部分窄且矮，为侧廊，所以厅堂的横截面就呈"山"字形（图 3-6）。这种厅堂式教堂与集中式教堂、十字式教堂不同，没有造价昂贵的穹窿或者精巧的"十"字拱，而是采用了简单的三拱券与中国传统山墙搁檩的结构方式，营造内部宽敞的空间，满足教会聚众传教的需要。

图 3-6　北海天主堂旧址教堂厅堂"山"字形横截面

厅堂的西面是教堂的祭台间。祭台间由祭台和回廊（祭衣间）两部分组成，平面呈两个同心半圆。其中，祭台在内侧，面积较小，原来用于安放路德圣母的塑像，现塑像已毁。整体来说，该建筑的结构、装饰均具有教会建筑的色彩。

神父楼位于教堂南面约 30 m 处，坐南朝北，是一座砖木结构的两层券廊式西洋建筑，双坡瓦屋顶，建筑面积 319.76 m²。每层南、北、西三面均有回廊，北、南、东三立面一层、二层均有廊拱券，走廊有"十"字镂空砖栏杆。南立面西侧在 2017 年北海市文物保护研究院对神父楼全面修复时增加了砖混楼梯。

北海天主堂旧址总平面图及部分立面图详见图 3-7 至图 3-10。

北

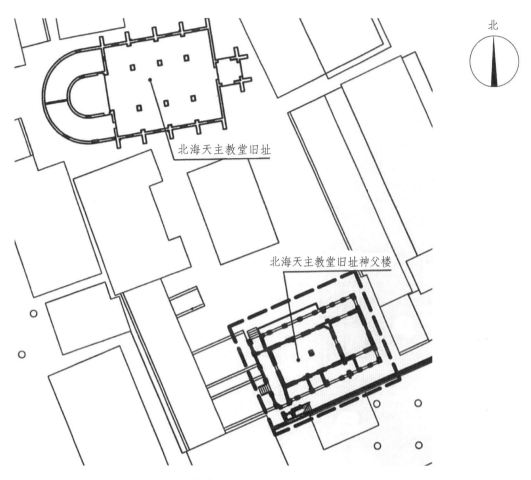

图 3-7 北海天主堂旧址总平面图（上为教堂，下为神父楼）

图 3-8 北海天主堂旧址教堂侧立面图

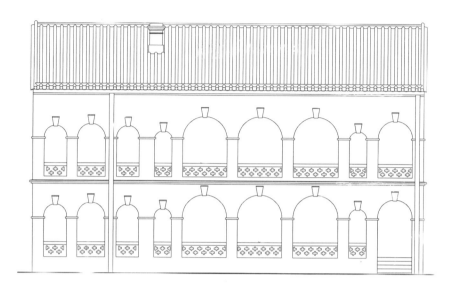

图 3-9  北海天主堂旧址神父楼立面图

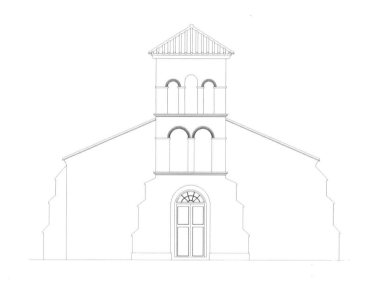

图 3-10  北海天主堂旧址钟楼正立面图

## （二）结构及材料

北海天主堂旧址教堂和神父楼两座建筑均为砖木结构。

教堂和神父楼一层、二层走廊地面是石灰与黄土比例为 3 ∶ 7 的三合土打底，均用 370 mm × 370 mm × 30 mm 规格的红方砖斜纹墁铺。神父楼二层室内地面均为木楼面，采用杉木按原构件规格和形式制作安装并做好防虫、防腐处理。

墙体使用青砖砌筑，规格以 270 mm × 130 mm × 45 mm 和 270 mm × 140 mm × 50 mm

两种为主，砖色呈青黑色。外墙颜色原本为浅土黄色，由于雨水长年侵蚀，布满污垢，雨渍斑驳，风化酥碱严重。使用 1∶1 中砂石灰砂浆作为砌筑砂浆，1∶2 中砂石灰砂浆作为墙面抹灰底灰，细砂石灰纸筋砂浆用于罩面，外墙为浅土黄色，内墙为白色。

教堂和神父楼两座建筑原来的门、窗大部分已损坏，有的已更换为现代门窗，有的已被封堵。2014 年和 2017 年分别对这两座建筑进行维修时，采用杉木按原样的规格和形式恢复原板门和百叶窗，更换开裂或缺失的玻璃。拆除封堵物，通过剔补砖料的方法使用青砖进行修复。门、窗颜色为深栗红色。

教堂主体屋顶为重檐半圆坡屋顶，其门前钟楼屋顶为四坡攒尖屋顶，神父楼屋顶为双坡瓦屋顶。屋面均采用北海地区常用的板筒瓦砂浆裹垄做法，板瓦、筒瓦均为红色，规格以 270 mm×130 mm×45 mm（板瓦）、160 mm×90 mm×4 mm（筒瓦）和 210 mm×180 mm×8 mm（板瓦）、210 mm×90 mm×8 mm（筒瓦）两种为主，铺装平整顺直，瓦线一致，面瓦搭七留三或搭六留四，坐浆饱满，搭接紧密，屋面整体匀垄顺直，浆色均匀（图 3–11）。

图 3–11　教堂重檐半圆坡屋顶

钟楼是北海天主堂旧址不可缺少的一个组成部分，北海市文化局（现北海市旅游文体局）根据所掌握的图纸、历史照片和资料与现存的遗迹对比论证后进行修复，保证外观的协调统一和结构的合理安全。主体采用砖木结构，高三层，屋顶采用砂浆裹垄做法，南、北、东三面开拱券门。在原基础上修复，如现存青砖不能满足结构安全要求，则采取拆砌的方法修复基础，尽量补充青砖按原样原做法修复。

## 第二节　涠洲盛塘天主堂旧址

### 一、历史沿革

据《北海杂录·涠洲》记载，"涠洲墩，乃一小岛，周围约七十里，在北海之东南百余里……同治初年广东巡抚蒋丞，将漕涌客民送至开耕，而居民始事农业，法国神甫有同到传教"。清同治六年（1867年）开岛禁，遂溪、合浦等地"漕涌客民"数千人来岛（涠洲岛）定居，法国天主教会随即派人随同客民到岛上传教。结合其他相关史料，得知涠洲盛塘天主堂始建于清同治八年（1869年），历时十年，于1878年建成。该教堂原是涠洲天主教区办公和传教的场所，隶属于法国"远东传教会广东天主教区"，该教区还曾管辖钦、雷、廉、防等地的教堂，成为雷廉地区最早的天主教基地。1923年，涠洲天主教区从涠洲岛迁至北海市区，改名北海教区，涠洲盛塘天主堂即归属北海天主教区管辖。

抗日战争时期，日寇曾侵占涠洲岛，涠洲盛塘天主堂成为当地居民的避难所。解放涠洲岛时，因战火不激烈，涠洲盛塘天主堂未受损坏。

"文化大革命"时期，因涠洲岛远离内陆，"破四旧"浪潮到此已是强弩之末，故对教堂的破坏不大，但曾一度荒废，后期作为当地粮食部门的粮库及学校教室使用。

1983年，国家落实宗教政策后，该教堂划归北海教区天主爱国会负责管理和使用，作为当地天主教徒进行宗教活动的场所至今。

1986年，地方政府曾拨款5万元对教堂进行局部维修。2001年，村民自筹资金对神父楼进行维修加固，在室内及外廊增加了混凝土柱、梁，用于支撑楼面及天花楞木。

1993年，涠洲盛塘天主堂由北海市人民政府公布为北海市级文物保护单位。1994年，该旧址由广西壮族自治区人民政府公布为自治区级文物保护单位。2001年6月，该旧址作为北海近代建筑，由国务院公布为全国重点文物保护单位（图3-12）。

图3-12　涠洲盛塘天主堂现状

## 二、建筑结构与特征

### （一）建筑现状与特征

涠洲盛塘天主堂位于涠洲岛的盛塘村，是由教堂及其附属建筑神父楼、女修道院、孤儿院、男修道院（已毁）组成的院落式建筑群，为哥特式建筑，建筑面积为 1933.05 m²。涠洲盛塘天主堂的建筑平面形式为两侧内廊式（图 3-13）。

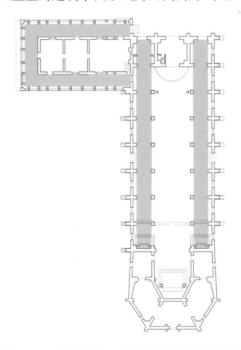

图 3-13　涠洲盛塘天主堂旧址平面形式示意图

教堂坐北向南，南北长 51.63 m，东西宽 17.81 m，平面大致呈长方形，与北海天主堂一样分为钟楼（三层）、厅堂、祭台间三部分。

教堂的最前面是钟楼。钟楼主体原为砖木结构，采用火山岩料石砌筑，墙体则为不规则珊瑚石砌筑或使用珊瑚石黏土混合材料夯筑而成。钟楼正面（南面）明间及次间分别有一券门可进入教堂，门拱券与中国传统建筑中的拱券不同，不是较规则的半圆形，而是哥特式建筑中极具特色的双圆心尖券，这种尖券在天主堂中大量使用。钟楼二层明间南墙有圆窗一扇，类似西方教堂中的彩色玻璃玫瑰窗，但在这里无法使用这种奢华的装饰，而使用定制红板瓦拼砌镂花装饰窗，并在窗的两侧及上方用砂浆堆塑"天源昭尺，主宰众生"和"天主教"的匾额。四层四面均有券窗一扇，保存较好，窗洞较高大，同样是使用定制红板瓦拼砌镂花装饰窗，在窗的中部还增加了十字架纹饰。

厅堂和祭台间之间是教堂的厅堂，天主教徒平时做礼拜的地方（图3-14）。厅堂顶部结构采用古罗马的交叉拱做法，内部由南北向两排柱子纵分为三部分，中间的部分宽且高，为中厅，两翼的部分窄且矮，为侧廊。其中，中厅面阔6.67 m，拱高9.98 m，而到屋面脊顶更高达11.74 m。火山岩砌筑下部柱身，青砖砌筑拱券，显得恢宏大气。厅堂的北面是教堂的祭台间，祭台间出祭台和祭衣间两部分组成，平面呈不规则梯形。其中祭台在内侧，祭衣间在两旁。祭台后面是一处院落，院落后檐墙有一门可出入教堂。

图3-14　涠洲盛塘天主堂旧址教堂厅堂内部图

教堂钟楼东边的一幢券廊式建筑便是神父楼。神父楼平面呈长方形，面阔12.245 m，进深11.74 m，原是教堂本堂神父起居生活和处理日常教务的地方，现作为涠洲教区的办公场所（图3-15）。

图3-15　涠洲盛塘天主堂旧址神父楼现状

神父楼的东面是教堂的女修道院和孤儿院，两院中间有一条拱券前廊，并且相互贯通。

女修道院平面呈长方形，坐北朝南，面阔 14.81 m，进深 7.84 m，高两层（图 3–16）。孤儿院在女修道院的西边，平面也大致呈长方形，坐西朝东，只是在建筑的东南角凸出一间房子，面阔 18.905 m，进深 8.395 m（图 3–17）。孤儿院原为两层，在中华人民共和国成立后，由于附近斜阳岛开办小学需修建教室，但又缺乏资金，于是就拆除了孤儿院的二层墙体及楼面，将能使用的砖料及木料等材料用于修建教室。

图 3–16　涠洲盛塘天主堂旧址女修道院现状

图 3–17　涠洲盛塘天主堂旧址孤儿院现状

男修道院在中华人民共和国成立后一直荒废无人打理，建筑破旧不堪，遭台风袭击后倒塌，后被当地村民拆除，现在只保留部分遗迹。

教堂主立面采用了罗马教堂三段式的手法，由一道水平檐口线和一道连续券式样的女儿墙线将立面划分为三段，最底下一段由三对双圆心尖券组成前廊部分，第二段山墙面的中下部安置一扇圆形窗，颇像哥特教堂的玫瑰花窗，顶端有许多锋利的小尖顶，别具一格。

### （二）结构及材料

涠洲盛塘天主堂为砖石木结构。

地面一层分别使用 370 mm × 370 mm × 45 mm、370 mm × 370 mm × 30 mm 两种规格的红方砖，采用离缝铺贴的方法对教堂、神父楼、孤儿院、女修道院进行铺贴。神父楼二层楼面做法比较特殊，楼面底部设木楼楞，楞上铺设厚 30 mm 的木楼板后直接于其顶部施螺壳黏土混合材料或三合土分层夯筑成二层楼面，类似现浇混凝土楼板做法。女修道院二层楼面做法与神父楼的楼面做法相似，区别是女修道院楼面下的楞木不是嵌入楼面内和楼面的夯土结合在一起，而是在楼板底部设有与楞木垂直的板条，犹如砼楼板的底筋。

旧址的墙体按材料和结构可分为三种：一是珊瑚石（大料）墙体，多在内墙和外墙的局部墙脚使用；二是螺壳、珊瑚石（小料）和黏土混合夯筑而成的墙体，多用在外墙；三是青砖墙体，多使用在外廊拱券和室内外墙体的局部。在 2010—2015 年和 2019—2020 年两次维修时，因为没有试验出有效的墙体加固方法，所以墙体保留现在使用的水泥砂浆面层并保持其原色。而由于珊瑚石已禁止开采，因此采取购买岛上居民拆除旧宅后留存的珊瑚石的方式来进行维修。

教堂旧址门窗按原样恢复，钟楼一楼恢复具有哥特式建筑风格的双圆心尖券门；二楼南面的圆窗与三楼四周墙上券窗做法及材料相同，用定制红板瓦拼砌镂花装饰窗，窗的中部有十字架纹式。厅堂、祭台间的门窗大部分做法与钟楼一样。

教堂厅堂屋顶分为中厅的木檩双坡筒板屋面和侧廊的珊瑚石、螺壳、黏土混合材料夯制的尖券屋顶。瓦屋面做法是北海地区常用的板筒瓦砂浆裹垄做法，搭七留三，板瓦、筒瓦均为红色，素胎无釉，较薄，规格分别为 250 mm × 250 mm × 4 mm（板瓦）、160 mm × 90 mm × 4 mm（筒瓦），裹砂浆为石灰砂浆。神父楼屋顶西侧为硬山做法，东面则为歇山顶。神父楼、女修道院、孤儿院屋面做法都是板筒瓦砂浆裹做法，瓦桷和檩条用杉木制作，但神父楼中部为桁架砖墙搁檩，周围廊上则由半桁架支撑，女修道院为木桁架承檩，孤儿院为墙体承檩。

涠洲盛塘天主堂旧址总平面图及部分立面图详见图 3-18 至图 3-20。

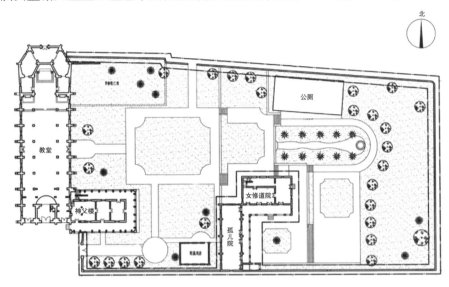

图 3-18 涠洲盛塘天主堂旧址总平面图

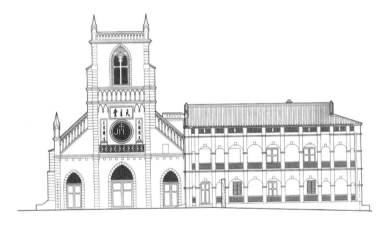

图 3-19 涠洲盛塘天主堂旧址教堂钟楼、神父楼立面图

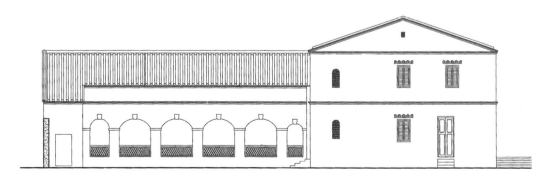

图 3-20 涠洲盛塘天主堂旧址孤儿院、女修道院立面图

# 第三节　涠洲城仔教堂旧址

## 一、历史沿革

　　涠洲城仔教堂旧址位于涠洲岛城仔村，因岛上天主教徒日益增加，为方便天主教徒参加礼拜等宗教活动，1883年，由法国传教士组织筹建该教堂，也是北海地区唯一的一座圣母堂。

　　在中华人民共和国成立至"文化大革命"期间，城仔教堂曾一度作为学校使用。1983年，落实宗教政策后，该教堂划归北海市天主教爱国会负责管理和使用，作为当地天主教徒进行宗教活动的场所至今。1993年，涠洲城仔教堂旧址由北海市人民政府公布为北海市文物保护单位。1994年，该旧址由广西壮族自治区人民政府公布为自治区文物保护单位。2001年6月，该旧址作为北海近代建筑，由国务院公布为全国重点文物保护单位（图3-21）。

图3-21　涠洲城仔教堂旧址钟楼和教堂现状

## 二、建筑结构与特征

### （一）建筑现状与特征

　　涠洲城仔教堂旧址位于涠洲岛城仔村，主要由教堂、神父楼和女修道院三座建筑组成，是一座较典型的欧洲乡村哥特式小教堂。涠洲城仔教堂旧址的建筑平面形式为两侧内廊式（图3-22）。

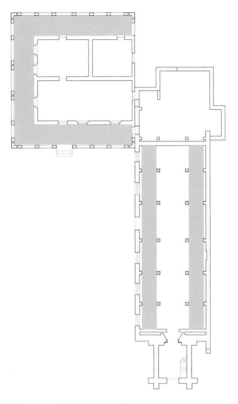

图 3-22　涠洲城仔教堂旧址平面形式示意图

　　涠洲城仔教堂的大门前是一座高 16.19 m 的钟楼，坐东朝西，平面呈正方形，依教堂中厅前檐墙而建，单开间。钟楼正面做半圆形砖拱券门，为教堂的大门，上有一灰塑牌匾，写有"圣母堂"三字（图 3-23）。在南北檐墙外侧设有同楼高的扶壁柱。教堂的东北角是神父楼，与教堂的祭台间相通，其建筑前檐北、东、西三面是一条回廊。神父楼是一座高两层，建筑面积 405 m²，平面呈正方形的券廊式建筑。教堂的西南角则是女修道院，一座平面呈方形的前后廊硬山顶单层建筑，建筑面积 124.91 m²，其建筑墙体使用螺壳砾石黄土混合材料夯筑而成。教堂的主体是一长方形的大厅堂，在厅堂的东面就是教堂的祭台间，按一般情况祭台间应由祭台和祭衣间两部分组成，主要作为供奉圣母和存放物品使用。大厅堂内部由两排柱子纵分为三部分，中间的部分宽且高，为中厅，两翼的部分窄且矮，为侧廊。和涠洲盛塘天主堂一样，城仔教堂厅堂的横截面呈"山"字形，属于厅堂式教堂。厅堂式教堂与集中式、十字式教堂不同，不需要造价昂贵的穹窿或者精巧的"十"字拱，而是采用了简单的三拱券与中国传统山墙搁檩的结构方式，营造内部宽敞的空间，满足教会聚众传教的需要（图 3-24）。

图 3-23  涠洲城仔教堂旧址钟楼现状          图 3-24  涠洲城仔教堂旧址内部

## （二）结构及材料

涠洲城仔教堂为砖石木结构。

涠洲城仔教堂地面一层使用 270 mm×270 mm×30 mm 规格的红方砖离缝铺贴。这种做法在北海同时代建筑中常见，但涠洲城仔教堂所使用的红方砖比同一时期的红方砖，规格偏小。

教堂的钟楼墙体的砌筑材料是火山岩，厅堂墙体厚 500 mm，均采用规格为 270 mm×130 mm×45 mm 的砖砌筑。神父楼的墙体主要使用青砖砌筑，但局部也有使用火山岩料石，主要集中在内墙的墙脚部分。女修道院墙体使用螺壳、砾石、黏土混合夯筑而成。

钟楼一层西面是一拱券为半圆形的砖拱券门，也是教堂的大门，拱门上的灰塑牌匾上还有用定制红板瓦拼砌镂花装饰的一圆窗和一券窗。厅堂东面外墙，除第四进间外，每进间南檐墙上都有木窗一樘，窗洞上部为拱券。西墙钟楼一层有一拱门与钟楼相通，第四进间南檐墙上也有一券门。

钟楼屋顶是混凝土平屋顶，厅堂为双坡瓦屋顶，屋面用料及做法与涠洲盛塘天主堂一样。神父楼屋顶为五脊四坡顶，类似中国传统建筑中的庑殿顶，为板筒瓦砂浆裹垄做法。在屋面各坡的檐头设汇水天沟，雨水可经天沟落水管排出。

　　涠洲城仔教堂旧址总平面图及部分立面图详见图 3-25 至图 3-30。

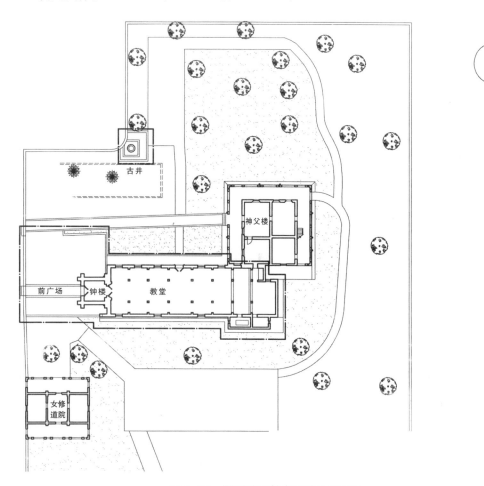

图 3-25　涠洲城仔教堂旧址总平面图

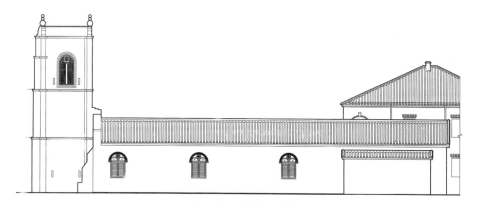

图 3-26　涠洲城仔教堂旧址南立面图

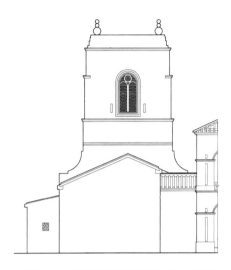

图 3-27　涠洲城仔教堂旧址东立面图

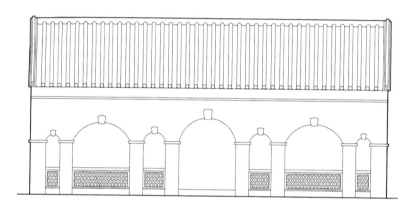

图 3-28　涠洲城仔教堂旧址女修道院北立面图

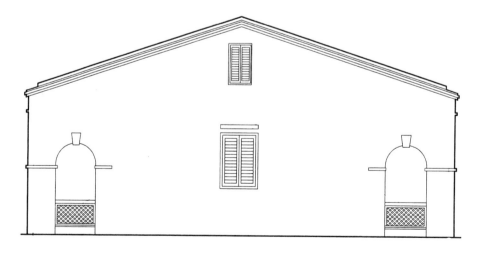

图 3-29　涠洲城仔教堂旧址女修道院西立面

图 3-30　涠洲城仔教堂旧址钟楼及神父楼西立面图

# 第四节　主教府楼旧址

## 一、历史沿革

北海天主教主教府设有主教、副主教等神职人员，统辖高、雷、廉、琼等十二县市的天主教，其活动经费由罗马梵蒂冈经香港寄来。主教府的附属机构有圣德修院、女修道院、育堂、广慈医院等。主教府楼于 1934 年开始建造。建成之前，北海教区主教办公室设在原英国领事馆的圣德修道院，直至 1935 年主教府楼建成后才迁至新楼办公。1962 年，主教府楼旧址划归北海市渔业广播电台使用；1983 年，使用单位在原楼上加建一层，至 1988 年搬出，归还北海市天主教爱国会使用。1990 年，北海市天主教爱国会将其出租经营。1994 年，该旧址被公布为自治区级文物保护单位。2001 年 6 月 25 日，该旧址作为北海近代建筑，由国务院公布为全国重点文物保护单位（图3-31）。

图 3-31　主教府楼旧址现状

## 二、建筑结构与特征

### （一）建筑现状与特征

主教府楼旧址位于北海解放广场旁，建于 1934 年至 1935 年间。主教府楼主体建筑长 42 m，宽 17.85 m，原为二层，1983 年，使用单位在原楼上加建一层。建筑面积 1499 m²，坐北朝南，各层设宽为 2.1 m 的"回"字形走廊，地垄高 0.6 m。各层四周有宽阔的走廊，宽 2.1 m，廊外墙雕饰有数十个拱券和柱子。四周树木茂盛，有百年的玉兰花树和樟木树。因该楼建筑美观，环境优美，北海人曾把它称为"红楼"，是北海有名的洋楼之一。现主教府楼旧址因年久失修，且长年出租，利用不合理，门窗经过现代化改造，已不复往日光彩。主教府楼旧址的建筑平面形式为"回"字形廊式（图 3-32）。

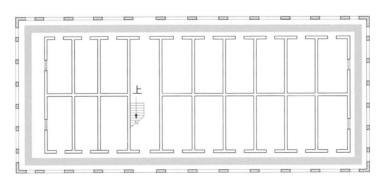

图 3-32　主教府楼旧址平面形式示意图

### （二）结构及材料

主教府楼旧址为砖木结构。

主教府楼旧址室内及廊道均用 200 mm × 200 mm 规格的瓷砖铺地面。瓷砖上面有精美的纹饰，底色以浅黄色为主，纹饰有红、黄、绿三种颜色。根据瓷砖上的纹饰拼凑成不同的精美图案，旧址铺设的地面大致分为四种样式，具体如图 3-33 至图 3-36 所示。同时期北海的其他近代建筑大多采用常见的红方砖铺设地面，英国领事馆旧址和法国领事馆旧址也是采用有纹饰的瓷砖铺设地面，但基本上只有一种统一的图案。主教府楼旧址铺设地面瓷砖的图案组合比较丰富，具有强烈的艺术感。

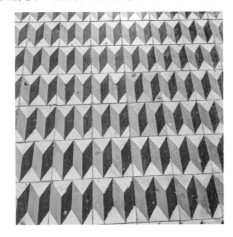

图 3-33 主教府楼旧址瓷砖图案 1

图 3-34 主教府楼旧址瓷砖图案 2

图 3-35 主教府楼旧址瓷砖图案 3

图 3-36 主教府楼旧址瓷砖图案 4

一楼、二楼墙体下方均有踢脚线，踢脚线也较讲究，上面的精美图案也是根据瓷砖上的纹饰拼凑而成。

一层、二层、三层东西南北面均设外廊。一层和二层外廊底部的栏杆都有镂空花纹。这两层的外廊拱券有大有小,风格基本相同,都是连续罗马半圆券,券柱式,券柱与罗马半圆券交接处有装饰线,罗马半圆券上方也有圆弧形装饰线。后面增加的三层也有拱券,但形状比一层和二层小,没有装饰线和券柱,样式也比较简单(图3-37)。

图 3-37　主教府楼旧址外廊

主教府楼旧址建筑的门窗在后期的使用过程中已改造为现代的木门和铝合金玻璃窗。

主教府楼旧址屋顶为双坡瓦屋顶,屋面均采用北海地区常用的板筒瓦砂浆裹垄做法,板瓦、筒瓦均为红色(图3-38、图3-39)。

图 3-38　主教府楼旧址双坡瓦屋顶

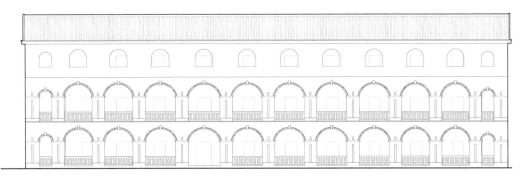

图 3-39　主教府楼旧址立面图

# 第五节　女修道院旧址

## 一、历史沿革

女修道院作为天主教区的附属机构，主要培养合格修女帮助管理教区各堂口。北海女修道院 19 世纪末期设在涠洲岛盛塘村的天主堂右侧，1925 年，北海天主教会为北海教区女修道院在现址（今北海市人民医院内）建新校舍，并于 1926 年春迁至现所在地，1958 年停办。1958 年后，女修道院先交由北海市机关幼儿园使用，后移交给北海市人民医院使用至今。1994 年，女修道院旧址被公布为自治区级文物保护单位。2001 年 6 月 25 日，女修道院作为北海近代建筑，被国务院公布为全国重点文物保护单位（图 3-40）。

图 3-40　女修道院旧址现状

## 二、建筑结构与特征

### （一）建筑现状与特征

女修道院旧址是一座中西合璧的骑楼式建筑，位于北海市人民医院大院内。现存两座建筑：一座为长方形的主楼建筑，南面一层、二层均设有廊，建筑长 31.38 m，宽 8.7 m，建筑面积 492.3 m² （图 3-41）；另一座为小礼拜堂式的建筑，长 12.3 m，宽 6 m，建筑面积 70 m²。两座建筑前后檐均设砖砌排水天沟，且均设有陶制排水立管，主楼设在南、北、西三面，共 8 根，小礼拜堂设在前后檐，共 4 根。女修道院旧址的建筑平面形式为前后廊式（图 3-42）。

图 3-41　女修道院旧址主楼现状

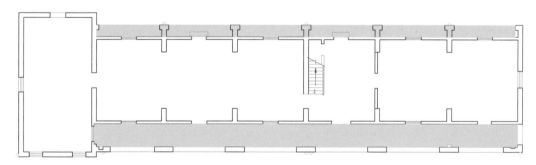

图 3-42　女修道院旧址平面形式示意图

### （二）结构及材料

女修道院旧址主楼为砖混瓦房结构，小礼堂为砖木结构。

主楼一层地面与礼拜堂地面均用素土夯实，80 mm 厚中砂层，30 mm 厚石灰砂浆结合层，用 370 mm×370 mm×30 mm 规格的红方砖铺地面，斜纹墁铺。主楼二层为水泥砂浆地面。

墙体使用规格为 370 mm×370 mm×30 mm 的青砖砌筑，使用 1：1 中砂石灰砂浆作为砌筑砂浆，1：2 中砂石灰砂浆作为墙面抹灰底灰，细砂石灰纸筋砂浆用于罩面。外墙为浅土黄色，内墙为白色。

两座建筑的门为三抹双开拼板木门，带 3 mm 普通玻璃，窗户为百叶窗。在 2020—2021 年维修时，采用杉木按原样的规格和形式恢复原板门和百叶窗，更换开裂或缺失的玻璃。

两座建筑均为双坡板筒瓦裹垄屋面，屋脊采用板筒瓦砌芯，石灰砂浆抹面。石灰砂浆裹垄瓦采用杉木制作椽子和檩条，女修道院为木桁架支撑屋面，礼拜堂为拱券墙支撑屋面。

女修道院旧址总平面图及部分立面图详见图 3-43 至图 3-48。

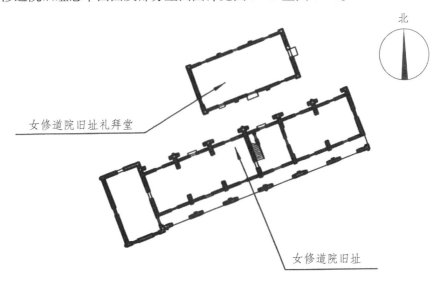

北

女修道院旧址礼拜堂

女修道院旧址

图 3-43 女修道院旧址总平面图

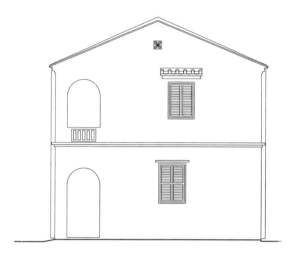

图 3-44　女修道院旧址主楼东立面图

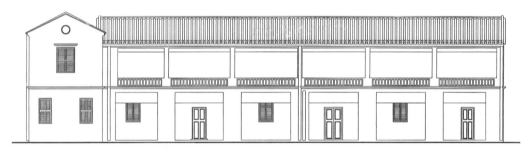

图 3-45　女修道院旧址主楼南立面图

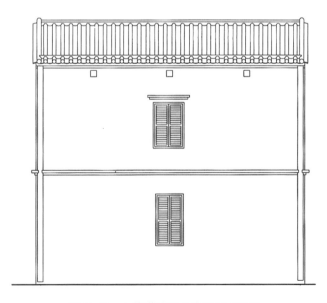

图 3-46　女修道院旧址主楼西立面图

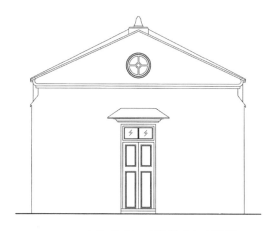

图 3-47 女修道院旧址礼拜堂东立面图

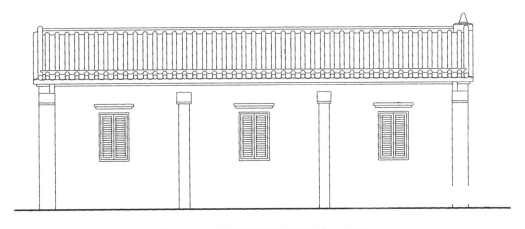

图 3-48 女修道院旧址礼拜堂南立面图

# 第六节 双孖楼旧址

## 一、历史沿革

据《北海杂录》记载："双孖楼者，一连两楼，同在一围墙内，一建于光绪十二年（1886 年），一建于光绪十三年（1887 年）。"结合其他相关史料，得知双孖楼是北海普仁医院创始人柯达医生买地建造的，为柯达医生和英籍牧师黎德的故居。双孖楼长期以来都是大英传教会在北海的传教点，由英籍传教士使用和管理。抗日战争进入相持时期时，双孖楼曾作为病人的避难中心（救济站）使用。1939 年，大英传教会在广州开办的"圣三一"中学曾转道香港迁到北海双孖楼办学，直到 1943 年。1947 年，私立"旭初中学"租用双孖楼办学。在 1949 年解放北海的战斗中，双孖楼曾作为中国人民解放军第四野战军 43 军 128 师 384 团、382 团和 127 师一部的临时驻地。中华人民共和国成立后，双孖楼曾作为新民中学的校舍使用。1951 年 5 月，新民中学与北海中学合并。1959 年，北海市第一中学由北海赵屋岭迁至此，双孖楼作为教师的宿舍使用。1961 年，双孖楼成为北海市第六小学的校舍。1976 年以后，双孖楼成为北海市第一中学的校内建筑。2001 年 6 月 25 日，双孖楼作为北海近代建筑，被国务院公布为全国重点文物保护单位（图 3-49、图 3-50）。

图 3-49　双孖楼旧址北楼

图 3-50　双孖楼旧址南楼

## 二、建筑结构与特征

### (一)建筑现状与特征

双孖楼旧址位于北海市第一中学内,分为南楼和北楼,两座楼相距 32 m,是具有欧洲古典风格的券廊式西洋建筑,因两楼造型相同,似孪生兄弟,故名双孖楼。双孖楼南楼、北楼均坐东南向西北,单层,平面呈长方形,有外廊,柱间拱券及门窗洞均有雕饰线条,室内有壁炉,安装有百叶窗,室内及廊道均铺红方砖。每座建筑面阔29.09 m,进深 13.4 m,通高 8.5 m,建筑面积 394 m²。建筑的下部是砖砌拱券形式的地垄架空层,高 1.25 m;内拱高无法勘察,具有隔潮的功能,是为适应南方潮湿气候、改善居住条件的措施。建筑外廊宽 2.11 ~ 2.75 m,廊外墙砖柱间由砖拱券连接,拱券下是砖栏杆,墙面、柱、拱券上大量使用了枭、混线进行装饰。由回廊包围的是四间面阔 5.2 ~ 5.28 m,进深 7.48 m 的宽敞房间,东侧和西侧各两间,中部由过道分隔。在建筑的西北角和西南角,位于回廊廊道位置还有小房各一间。双孖楼旧址的建筑平面形式为前后廊式(图 3-51)。

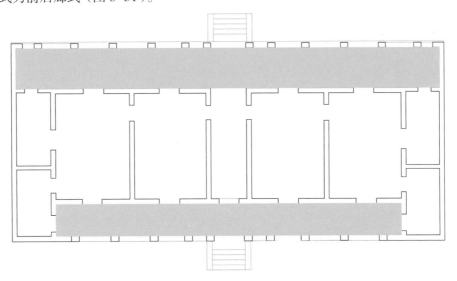

图 3-51 双孖楼旧址平面形式示意图

### (二)结构及材料

双孖楼旧址南楼、北楼两座建筑均是砖木结构。

南楼、北楼两座建筑室内及廊道均用 370 mm × 370 mm × 30 mm 规格的红方砖铺地面,斜纹墁铺。东西两面中部各设有花岗条石砌筑的台阶,台阶两侧设砖砌垂带,台阶总宽 3100 mm，总高 1200 mm，用花岗岩条石做悬臂踏步。

墙体使用规格为 280 mm×140 mm×60 mm 的青砖砌筑，地栿为砂岩条石，栏杆中部设线条装饰。东西南北面均设外廊，外廊都有连续罗马半圆券，券柱式，券柱与罗马半圆券交接处有装饰线。房间均开门与外廊相通。建筑西立面的外廊有罗马圆拱券 9 个，东立面的外廊有罗马圆拱券 13 个，且东立面外廊两旁的拱券和中间拱券旁边的两个拱券上面有圆形装饰线，南面、北面廊均有罗马圆拱券 3 个及百叶窗 2 个（图 3-52）。

图 3-52　双孖楼旧址南楼外廊现状

两座建筑的门为四抹双层百叶门，带厚 3 mm 普通玻璃和玻璃亮子，窗户为百叶窗，门和窗户均采用杉木制作而成。

两座建筑均是四坡瓦屋面，屋面为四坡屋顶，采用红色素面板筒瓦砂浆裹垄做法，清水屋脊，无脊饰，屋面下使用桁架作为支撑体系，吊顶为板条天花吊顶。每座建筑屋顶上都有两个砖砌烟囱直通屋面，壁炉、烟囱抹石灰砂浆，面刷黄色色浆。两座建筑内部轴墙上分别有 4 个壁炉，内部铁构件已不复存在。壁炉周围有灰饰线条，两旁有装饰柱，比较简洁（图 3-53）。

双孖楼旧址部分立面图详见图 3-54 至图 3-56。

图 3-53　双孖楼旧址南楼内壁炉

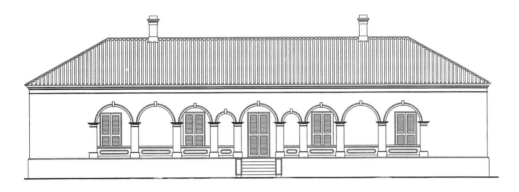

图 3-54 双孖楼旧址南楼正立面图

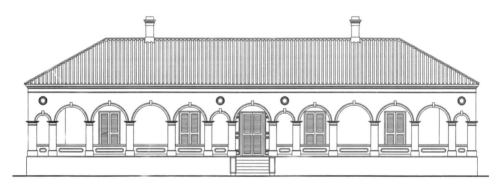

图 3-55 双孖楼旧址南楼背立面图

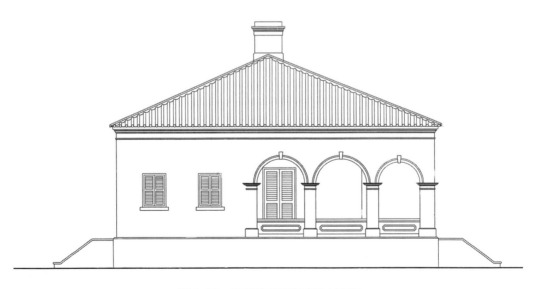

图 3-56 双孖楼旧址南楼侧立面图

# 第七节　德国信义会教会楼旧址

## 一、历史沿革

德国信义会教会楼原叫长老会教会楼，1902 年由德国长老会传教士巴顾德主持修建，为德国长老会传教士的居住和办公场所。旧址北面原有一基督教堂（已毁，建于 1900 年）。旧址南面原建有一附设小学，名"中德小学"，1922 年长老会改名为粤南信义会，该校遂改名为"信义小学"（已毁）。信义会是基督教新教派的主要宗派之一，其在北海建立的教堂成为长老会在北海和合浦的总堂，各地都有它的分堂。该会除在北海传教外，还开办德华学校和一所北海最早的活字版印刷所，学校的书本和该会创办的《东南新闻》报刊都是在该所印刷，其对北海市早期的文化教育发展起到一定的积极作用。中华人民共和国成立初期，该旧址被钦廉专署借用办公。1952 年后，该旧址被北海市公安局作为办公场所使用。1994 年，该旧址被公布为自治区级文物保护单位。2001 年 6 月 25 日，该旧址作为北海近代建筑，被国务院公布为全国重点文物保护单位（图 3–57）。

图 3–57　德国信义会教会楼旧址现状

## 二、建筑结构与特征

### (一)建筑现状与特征

德国信义会教会楼旧址位于北海市中山东路 213 号北海市机关第二办公区内,为一层券廊式建筑,坐南朝北,平面呈长方形。建筑东西统面阔 30 m,南北统进深 16.9 m,通高 8.87 m,建筑面积 507 m²;南北两侧设廊,廊道拱券边缘有灰饰线条。建筑主体保存良好,现为北海市海上丝绸之路始发港遗产保护与申遗工作领导小组办公室的办公场所。德国信义会教会楼旧址的建筑平面形式为前后廊式(图 3-58)。

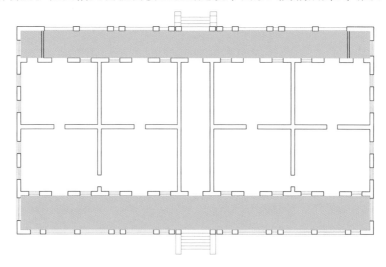

图 3-58 德国信义会教会楼旧址平面形式示意图

### (二)结构及材料

德国信义会教会楼旧址是砖木结构。

旧址建筑室内及廊道均用 370 mm×370 mm×30 mm 规格的红方砖铺地面,斜纹墁铺。南北两侧中间及西北角有台阶,台阶用花岗岩料石砌筑,两边有青砖砌的护栏。

墙体使用规格为 295 mm×140 mm×45 mm 的青砖砌筑,厚 330 mm,地栿为砂岩条石,栏杆中部设线条装饰。南面、北面均设外廊,外廊都有连续罗马半圆券,券柱式,券柱与罗马半圆券交接处有装饰线。房间均开门与外廊相通。南面、北面廊均有罗马圆拱券 13 个,东面、西面廊均只有罗马圆拱券 1 个,每个拱券上方中间有梯形装饰线。两面轴隔墙南侧、北侧均有壁炉,壁炉两侧有装饰柱及灰饰线条,上方有 3 个长方形图案。砖砌烟囱直通屋面,壁炉、烟囱表面均抹石灰砂浆(图 3-59)。

图 3-59　德国信义会教会楼旧址壁炉

　　建筑的门有单层百叶门和四抹双层百叶门并带厚 3 mm 普通玻璃两种。窗户为双层窗，外侧为百叶窗，内侧为玻璃窗，用杉木制作，门和窗户颜色均为浅蓝色。

　　德国信义会教会楼旧址屋顶是四坡瓦屋顶，石灰砂浆裹垄瓦面，屋面为十八榀桁架，采用杉木、硬木制作椽子、檩条及桁架支撑屋面。屋顶有四个砖砌烟囱直通屋面，东侧屋檐有砖砌排水天沟（图 3-60）。

图 3-60　德国信义会教会楼旧址屋顶

德国信义会教会楼旧址总平面图及部分立面图详见图 3-61 至图 3-64。

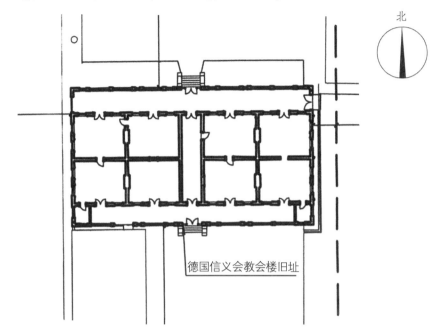

图 3-61　德国信义会教会楼旧址总平面图

图 3-62　德国信义会教会楼旧址正立面图

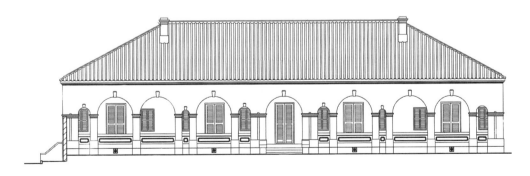

图 3-63　德国信义会教会楼旧址背立面图

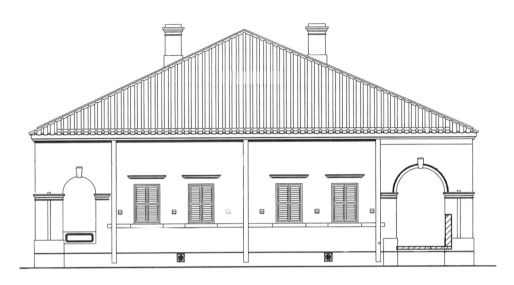

图 3-64　德国信义会教会楼旧址侧立面

# 第八节　会吏长楼旧址

## 一、历史沿革

　　会吏长楼旧址建于 1905 年，为英国"安立间"基督会所建，作为北海普仁医院的护士宿舍。1936 年，改作教会神职人员会吏长居住及办公的场所。1988 年 5 月，该旧址作为北海市人民医院财务科办公室使用。1993 年 3 月，该旧址被公布为北海市级文物保护单位。2001 年，该旧址作为北海市人民医院被服室使用。2001 年 6 月，该旧址作为北海近代建筑，被国务院公布为全国重点文物保护单位。2006 年，北海市人民医院被服室搬出，该旧址有一段时间闲置。该旧址现作为北海名医成果展览馆（图 3-65）。

图 3-65　会吏长楼旧址现状

## 二、建筑风格与特征

### （一）建筑现状与特征

会吏长楼旧址位于北海市和平路 83 号北海市人民医院内，为二层券廊式建筑，坐北朝南，平面呈长方形。建筑主体东西统面阔 19.31 m，南北面深 10.14 m，统高 10.8 m，建筑面积 409.46 m$^2$。前檐为拱券式廊道，室内有壁炉，屋顶有烟囱。建筑保存状况良好，现作为北海名医成果展览馆使用。会吏长楼旧址的建筑平面形式为平面"7"字形（图 3-66）。

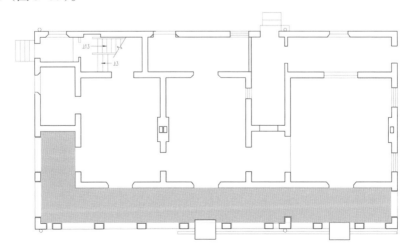

图 3-66　会吏长楼旧址平面形式示意图

### （二）结构及材料

会吏长楼旧址是砖木结构。

旧址建筑一层走廊地面为三合土地面，室内的部分地面为三合土地面，部分为370 mm×370 mm×35 mm 红方砖地面。二层走廊地面由上而下依次为厚 120 mm 的三合土楼面、厚 25 mm 的硬木楼板和直径为 140 mm 的楞木，室内为硬木楼板。

墙体使用规格为 285 mm×140 mm×50 mm 的青砖砌筑，厚 300 mm，南面、东面、北面均设外廊，外廊都有连续罗马半圆券，券柱式，券柱与罗马半圆券交接处有装饰线，每个拱券上方中间有梯形装饰线，二层外廊栏杆底座均有十字镂空装饰。一楼、二楼一面轴隔墙南侧、北侧均有壁炉，北面墙也有一个壁炉，壁炉两侧有装饰柱，柱上有类似牛腿的浮雕装饰，壁炉里面的金属架还有保留。砖砌烟囱直通屋面，壁炉、烟囱表面均抹石灰砂浆（图 3-67）。

图 3-67　会吏长楼旧址壁炉

旧址建筑的门有双扇对开玻璃门、单扇平开玻璃门、单扇平开门、双扇对开门、四扇平开折叠门 5 种。窗户有双扇平开玻璃窗、单扇平开玻璃窗 2 种。门、窗均为双层，外侧为百叶门、窗，内侧为玻璃门、窗，所用材料均是硬木和玻璃，门和窗户颜色均为浅蓝色。外墙上的门、窗均设檐，共有 14 个，窗檐为青砖石灰砂浆砌筑，窗檐上有瓦面。二层楼面外墙、屋檐及外廊拱券起拱处均设有砖檐，窗檐板瓦砂浆裹垄瓦面（图 3-68）。

会吏长楼旧址的屋顶为硬山双坡屋顶，板筒瓦砂浆裹垄屋面，简易桁架，采用硬木制作椽子、檩条及桁架支撑屋面。屋顶有三个砖砌烟囱直通屋面，前后檐均有砖砌的排水天沟。

图 3-68 会吏长楼旧址窗户及窗檐

会吏长楼旧址部分立面图详见图 3-69 至图 3-71。

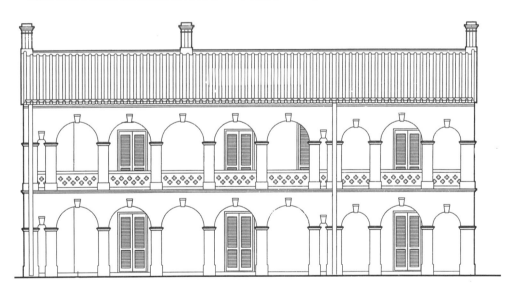

图 3-69 会吏长楼旧址正立面

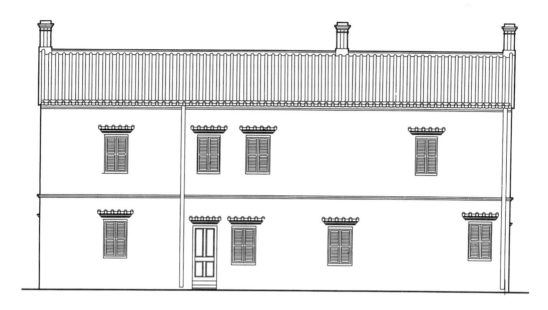

图 3-70   会吏长楼旧址背立面

图 3-71   会吏长楼旧址侧立面

# 第 ④ 章

## 经济类建筑

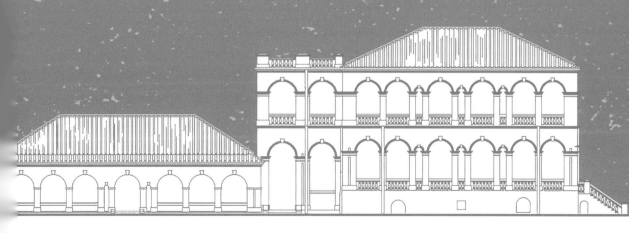

## 第一节 德国森宝洋行旧址

洋行最初是指经营与管理对外贸易的商业洋货行，如著名的广州十三行，实质上就是经营洋货的中国商行。后来洋行演变为外国人在华开设或委托代理的商业机构，如欧美国家所谓的"公司"、日本的株式会社，这就是我们所说的近代洋行。清道光二十年（1840年）鸦片战争爆发，西方列强对中国进行政治、经济、文化侵略。清光绪二年（1876年），英国为了争夺在中国大西南的势力范围，强迫清政府签订了丧权辱国的《烟台条约》，条约第三端第一款条例规定："随由中国议准在于湖北宜昌、安徽芜湖、浙江温州、广东北海四处添开通商口岸，作为领事官驻扎处所。"北海（当时属广东）因此被辟为通商口岸。清光绪十二年（1886年），德国森宝洋行（图4-1）由德国籍犹太人森宝在北海创办，位于北海市解放路19号文化大院内，主要经营煤油贸易，并且代理招募华工出洋业务。

图 4-1　德国森宝洋行旧址主楼东面

### 一、历史沿革

德国森宝洋行旧址于清光绪十三年（1887年）和清光绪十七年（1891年）先后建

成森宝洋行主楼、附楼。第一次世界大战后，森宝洋行撤出，楼房变卖。中华人民共和国成立前，该旧址先后为两广盐务稽查支处和北海联合小学使用。中华人民共和国成立后，该旧址一度作为广东湛江专区干部疗养院；1959 年至 1962 年，该旧址作为广东湛江专区北海水产学校的校址。1963 年，该旧址交由北海市文化部门使用，曾作为北海市文化局的办公楼和北海市文化市场综合执法支队的办公楼。1993 年 3 月 12 日，德国森宝洋行旧址被公布为北海市级文物保护单位。2001 年 6 月 25 日，德国森宝洋行旧址作为北海近代建筑，被公布为全国重点文物保护单位。2014 年，该旧址交由北海市文物局管理和使用，2016 年 5 月开放为北海近代洋行历史陈列馆，主要展示中英签订《烟台条约》后近代 10 多个国家约 30 家洋行进驻北海的历史。2020 年 11 月，该旧址被列入《印象·1876》北海历史文化景区景点之一。

## 二、建筑基本形制

德国森宝洋行旧址是一座砖木三角桁架结构、板筒瓦裹垄屋面的券廊式建筑，坐西向东，平面略呈"吕"字形，分为主楼和附楼两部分，两栋建筑间设连廊相连，均为砖木结构三角木桁架建筑，占地面积 581.99 m²。

### （一）主楼

主楼为券廊式建筑，中轴对称，二层砖木结构，下设地垄，西侧、东北角和西北角各设一个台阶进入楼内；长 18.3 m，宽 13.24 m，地垄高 2 m，总高 14.13 m，占地面积 242.29 m²。一层、二层均为"回廊式"布局，中间作办公用房，环绕办公用房作一圈回廊，回廊净宽 2 ~ 2.6 m，铺装红方砖地面，设绿琉璃宝瓶栏杆。

主楼屋面为四面坡，是典型的三角木桁架结构屋架，系红色素面板筒瓦石灰砂浆裹垄屋面，屋脊为板筒瓦砌芯，面抹石灰砂浆，不设脊饰。立面为仿欧洲的券廊式建筑风格，墙柱间通过拱券结构支撑上部建筑，拱券沿边为优美灰塑线条与墙柱腰线相连，更具有立体感和较强的艺术效果。墙体采用青砖砌芯，面抹石灰砂浆后纸筋灰罩面，外墙面及外廊处的墙面涂刷土黄色色浆，室内墙面刷白色石灰浆。门、窗为百叶门、窗做法，天花为板条抹灰做法，地面则铺红方砖。

地垄内空（净高）1.85 m，地垄墙均为四方拱券连接，拱券式地垄墙均位于上部砖墙正下方，既可承托上部砖墙的重量，又有利于地垄内部通风对流，达到防潮作用（图 4-2）。

图 4-2 德国森宝洋行旧址主楼西南面

## （二）附楼

附楼为券廊式建筑，中轴对称，一层砖木结构，南、北、东三侧各设一个台阶进入房内。长 20.4 m，宽 15.8 m，总高 7.75 m，占地面积 322.32 m²。东、南、西三面设有内廊，中部作管理用房，百叶门窗，内设内廊连通各房，内廊宽 2.42 m；铺装红方砖地面，设绿琉璃宝瓶栏杆。

附楼屋面为四面坡，为典型的三角木桁架结构屋架，系红色素面板筒瓦石灰砂浆裹垄屋面，屋脊为板筒瓦砌芯，面抹石灰砂浆，不设脊饰。立面为仿欧洲的券廊式建筑风格，墙柱间通过拱券结构支撑上部建筑，拱券沿边做优美灰塑线条与墙柱腰线相连，更具有立体感和较强的艺术效果。墙体采用青砖砌芯，面抹石灰砂浆后纸筋灰罩面，外墙面及外廊处的墙面涂刷土黄色色浆，室内墙面刷白色石灰浆。天花为板条抹灰做法（图 4-3）。

图 4-3 德国森宝洋行旧址附楼南面

## （三）连廊

主楼与附楼之间有一长 6.1 m、宽 2.85 m 的二层连廊把两幢建筑连成一体，起连接主楼与附楼作用，为二层砖木结构，东西长 6.1 m，南北宽 2.85 m，占地面积 17.38 m$^2$。

## 三、文物价值

中国近代洋行的发展史，也是资本主义国家经济侵华的历史。洋行最初从事走私鸦片和进出口商品贸易，1860 年以后则从简单的商品贸易转向经营航运、船舶修造、保险、银行、房地产以及为贸易服务的加工制造等各种行业。19 世纪末，洋行开始注重对铁路、工矿、金融等部门的直接投资。清末民国初，在北海开展业务的洋行有 20 余家，多由华人或其他洋行代理，仅德国森宝洋行常驻有外国代表。

德国森宝洋行旧址建造于清代末期，因当时中西文化不断交融，其建筑形式也是仿欧洲流行的"西洋式"建筑风格。旧址的造型高档大气，时代特征鲜明，将欧洲建筑风格融入营建中，呈现出中西结合外观、传统做法、西式装饰的多样化混合风格，是不同文化、价值体系相互结合的重要实践产物。同时，德国森宝洋行旧址也是北海现存的唯一一座洋行建筑，因此该旧址建筑对于研究北海地理位置的重要性、北海近代建筑史、贸易史、对外开放史都具有重要意义。

德国森宝洋行旧址的建筑设计形式简洁，同时又十分注重实用性，集办公及居住功能于一体。主楼为洋行办公楼，附楼为洋行管理人员住所。四面设回廊布局较好地适应了北海当地潮湿多雨、夏季炎热的气候，地垄起到了隔潮、隔湿的作用，外廊则可遮阳挡雨又有利于通风采光。该旧址的建造，为北海当地甚至是广西带来了新的建筑技术和理念，开启了向西方优秀文化学习、借鉴的风潮。

同时，德国森宝洋行旧址也是北海旅游观光不可多得的文物景点，是北海市历史文化名城的基本构成之一，可以让后人更了解北海曾经的历史。2020 年 11 月，该旧址被列入《印象·1876》北海历史文化景区景点之一。该旧址对发展北海市旅游事业，为北海地方相关产业的发展发挥着积极作用，有着重要的社会价值。

## 四、文物建筑结构

德国森宝洋行旧址结构情况详见图 4-4 至图 4-8。

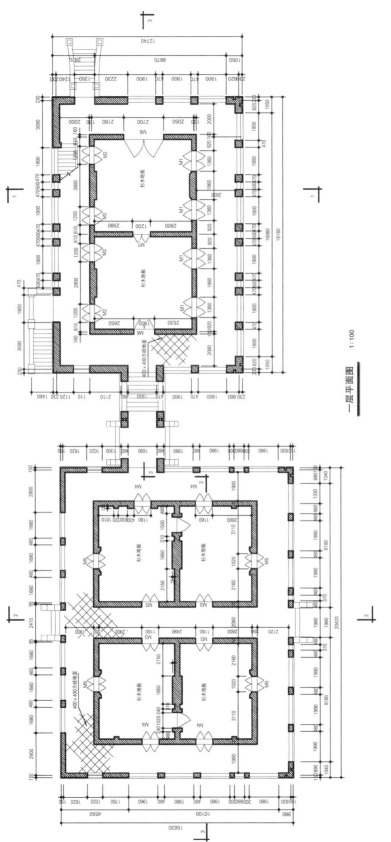

图 4-4 德国森宝洋行旧址一层平面图（单位：mm）

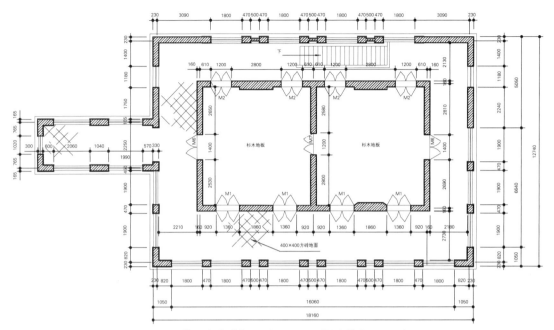

图 4-5 德国森宝洋行旧址二层平面图（单位：mm）

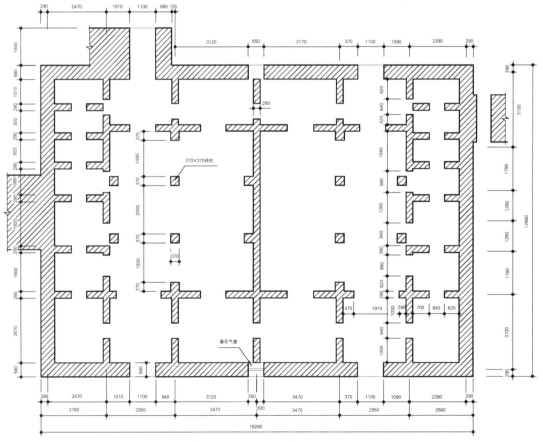

图 4-6 德国森宝洋行旧址主楼地垄平面图（单位：mm）

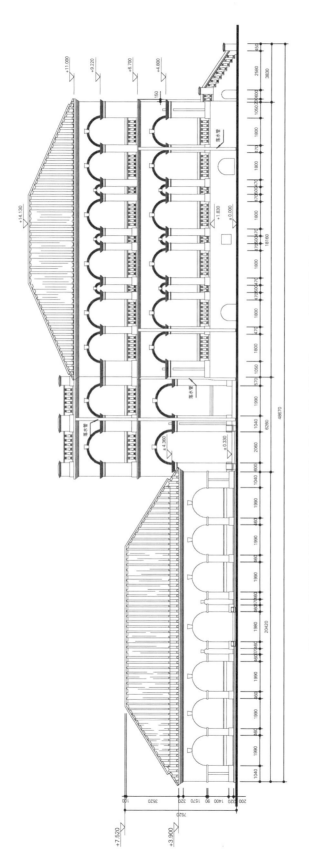

图 4-7　德国森宝洋行旧址南立面图（单位：尺寸数值为 mm，标高数值为 m）

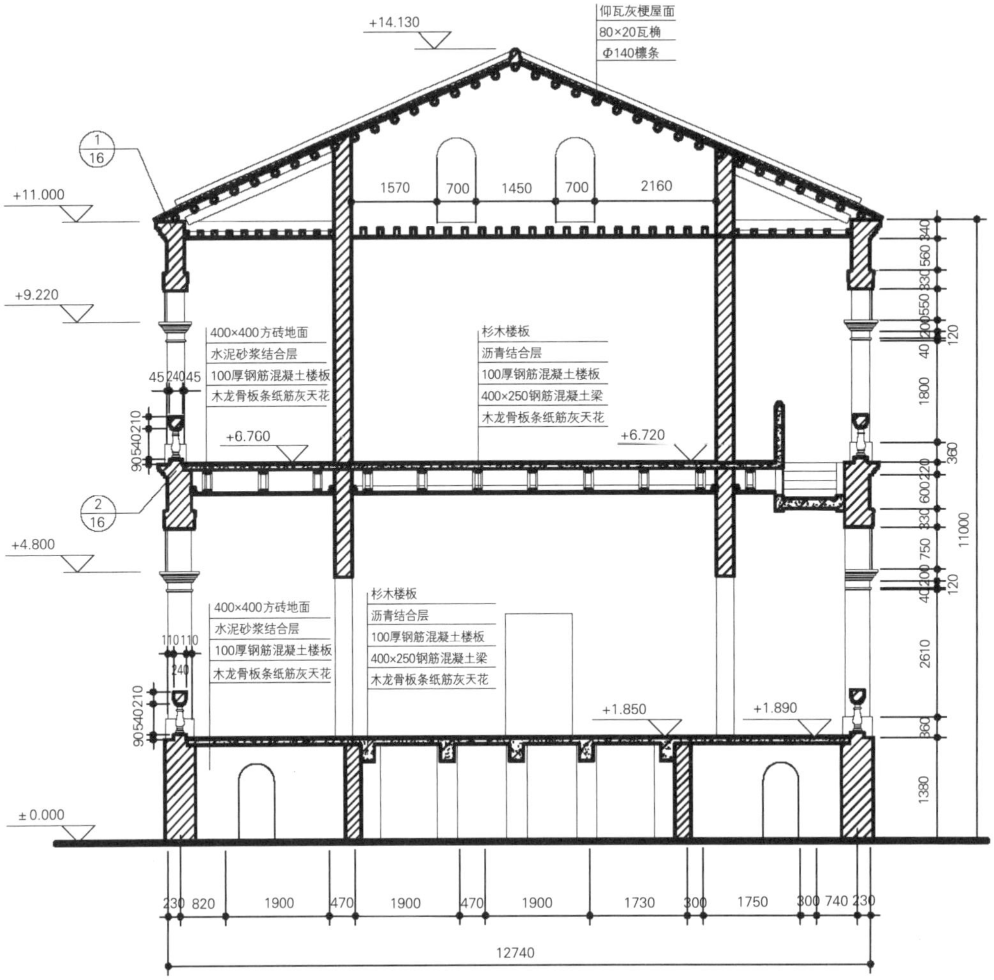

图 4-8 德国森宝洋行旧址剖面图（单位：尺寸数值为 mm，标高数值为 m）

## 第二节　北海关大楼旧址

　　北海关，自设立北海口岸以来已有 2000 多年的历史，最早可追溯到西汉元鼎六年（公元前 111 年）首设合浦关，由关侯、关吏管理进出境事务。清乾隆以前，历朝历代均在北海、合浦设有专门的机构，"掌番货、海舶、征榷、贸易之事，以徕远人，通远物"。清乾隆元年（1736 年），设立廉州口海关，是北海口岸正式命名的海关机构；清同治十年（1871 年），撤销廉州口海关，设立北海常关，依照税则对抵达北海港的船舶贸易货物进行收税。清光绪二年（1876年），中英签订《烟台条约》，开放包括北海在内的四处对外通商口岸，次年北海关成立，归粤海关监督兼管，但实权却被外籍税务司所把持。清光绪二十七年（1901年），北海常关归北海关管理（图4-9）。

图 4-9　北海关大楼旧址西南面

## 一、历史沿革

清光绪三年（1877年），北海关设立时租用民房办公和住宿。清光绪三年（1877年）至光绪九年（1883年），先后兴建办公楼、验货厂、监察长楼、税务司公馆、海关洋员住宅楼及俱乐部等建筑，现仅存办公楼（即北海关大楼旧址）。清光绪九年（1883年），北海关大楼旧址建成。中华人民共和国成立后，该旧址一直由北海海关管理和使用。2006年，北海海关搬迁至新办公楼后，北海关大楼旧址闲置。1993年3月12日，北海关大楼旧址被公布为北海市级文物保护单位。2001年6月25日，北海关大楼旧址作为北海近代建筑，被公布为全国重点文物保护单位。2020年11月，该旧址被列入《印象·1876》北海历史文化景区景点之一。2020年12月，该旧址开放为北海近代海关历史陈列馆，主要展示近代北海关的发展历史及对北海的影响等。

## 二、建筑基本形制

北海关大楼旧址为一座三层的券廊式建筑，坐北朝南，中轴对称，系三层砖木结构三角木桁架建筑；平面呈方形，长 18 m，宽 18 m，占地面积 324 m²，总建筑面积 972 m²。

一层（地层）为储藏货品杂物用房，南侧、北侧均设檐廊，檐廊净宽 3 m，中部设内廊连通两檐廊，内廊净宽 1.2 m，东西两侧为 4 间大小相同的房间，房间外墙做百叶窗，南向的楼外有一反"L"形花岗岩石台阶通往二楼。

二层为普通职员办公室，系回廊式布局，中部设办公大厅和两间办公室，四周设有净宽 2.4 m 的券廊，外廊的西南角和东北角各有一木楼梯通往三楼。室内 4 座壁炉分别设在屋内四角，排烟管沿外廊内侧墙体通向屋顶。

三层外廊在东西两侧被隔断，内廊及各门穿插交错，系前后外廊布局，南北中轴对称。东外墙、西外墙各设 3 扇百叶窗。室内部分隔墙为木柱芯板条隔墙，室内有 2 座壁炉。

### （一）屋面

屋面形式比较特别，楼顶的中央是方形的五脊四坡红色板筒瓦石灰砂浆裹垄屋面，东坡、西坡屋面各有 2 座壁炉的烟筒，屋脊为板筒瓦砌芯，面抹石灰砂浆，不设脊饰。四周有回形天台，天台外侧砖砌镂空栏杆，为混凝土捣制，下有工字钢梁支撑，瓦屋面下做典型的三角木桁架结构屋架，共两组七榀，与檩条、椽子构成支撑体系。

### （二）立面

立面为仿欧洲的券廊式建筑风格，墙柱间通过拱券结构支撑上部建筑，拱券沿边做优美灰塑线条与墙柱腰线相连，更具有立体感和较强的艺术效果，灰塑线条为白色涂层罩面，外墙面做淡黄色面层。

### （三）墙体

墙体采用青砖砌芯，青砖规格以 285 mm × 140 mm × 45 mm 为主，面抹石灰砂浆抹灰，内墙做白色纸筋灰罩面，外墙为刮淡黄色矿物质石灰浆面层，四面外墙的两边均有落水管，管的最上端有精细的竹结花饰灰雕，外墙楼层分界处使用多层砖檐装饰，起着既分割又联系的过渡和衔接作用，使墙面层次分明，具有立体感和较强的艺术效果。

（四）门窗

窗为百叶窗，门为实心板门，材质均为杉木，面刷淡蓝色油漆。

（五）天花

天花为板条纸筋灰天花，面层刷白浆，天花四周做有镂空木花雕饰。

（六）地面

一层（地层）和二层、三层回廊地面为红方砖地面，红方砖规格为 300 mm × 300 mm × 35 mm。二楼、三楼室内楼面是木地板面，材质为杉木。

（七）楼梯

室外楼梯是青砖立砌楼梯，两侧做砖砌栏杆，面抹水泥砂浆，呈反"L"形；室内楼梯是杉木楼梯，两侧做直棂扶手。

（八）栏杆

拱券下设有砖扶手和拦板，拦板的外侧有金钱及菊花纹饰镂空琉璃方砖作装饰，内侧仍为满砌砖墙，砖扶手上用砂浆做出线条（图 4-10）。

图 4-10 北海关大楼旧址西北面

## 三、文物价值

中英签订《烟台条约》后，清光绪三年（1877 年）北海关成立，海关虽归粤海关监督兼管，但实权却被外籍税务司所把持，税务司由外国人担任，人事管理、业务、行政管理等活动均由总税务司、税务司把控。北海关除进行检查、验货、估价、征税、缉私等业务工作，还将收集到的政治、经济、文化等信息通过公函汇报至总税务司，并每 10 年编写一份"中国海关北海关十年报告"寄送至总税务司。该报告内容涵盖1882 年至 1931 年期间北海的重大事件、航运、贸易、经济、政治、水陆交通、通信、文化教育、医疗、宗教、物产等内容，见证了西方列强对中国的政治、经济和文化的侵略，对研究北海近代史具有重要的参考价值。

北海关大楼旧址建造于清末，是广西最早建立的海关之一，其建筑形式与北海其他近代建筑一样，系仿欧洲流行的"西洋式"建筑风格。北海关设立时，是租用民房来作为办公地点和宿舍。之后先后兴建办公楼、验货厂、监察长楼、税务司公馆、海关洋员住宅楼及俱乐部等建筑，现仅存建于清光绪九年（1883 年）的办公楼，即北海关大楼旧址。

北海关大楼旧址建筑形式简洁。该旧址设地层（一层），其地垄与其他中国近代建筑设地垄不同，仅为简单的架空防潮层，不作实用。地层既作杂物房使用，也抬高了海关办公大楼的格局，还能起到良好的防潮作用。同时，四面设回廊布局亦较好地适应北海潮湿多雨、烈日气候，可遮阳挡雨，又有利于通风采光。

该旧址将欧洲建筑风格融入海关建筑营建中，造型高档大气，时代特征鲜明，呈现出中西结合外观、传统做法、西式装饰的多样化混合风格，是不同文化、价值体系相互结合的重要实践造物，也为当地及广西带来新的建筑技术和理念，开启了向西方优秀文化学习、借鉴的风潮。

同时，北海关大楼旧址还是北海市历史文化名城的基本构成之一，可让后人了解北海曾经的海关历史，对于发展北海市旅游事业，促进北海地方相关产业的发展发挥着积极作用，有着重要的社会价值。

## 四、文物建筑结构

北海关大楼旧址结构情况详见图 4-11 至图 4-14。

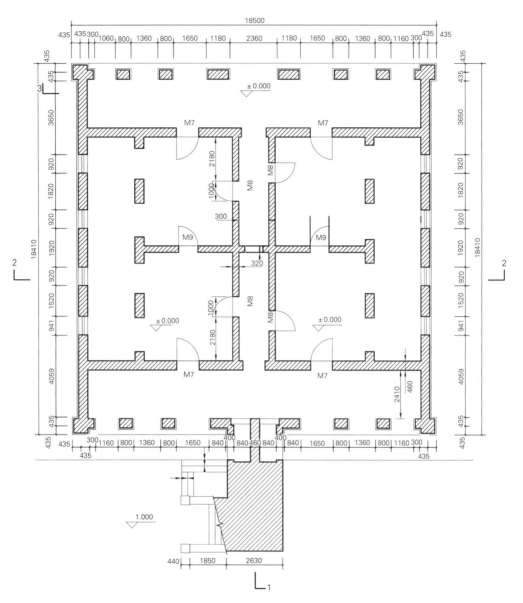

图 4-11　北海关大楼旧址一层平面图（单位：尺寸数值为 mm，标高数值为 m）

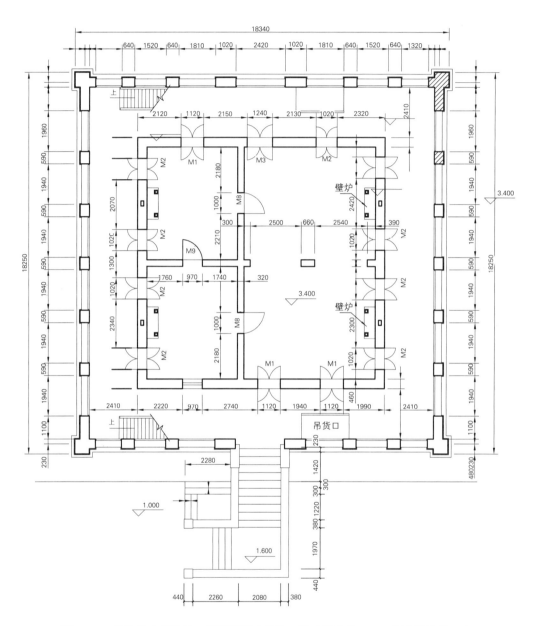

图 4-12 北海关大楼旧址二层平面图（单位：尺寸数值为 mm，标高数值为 m）

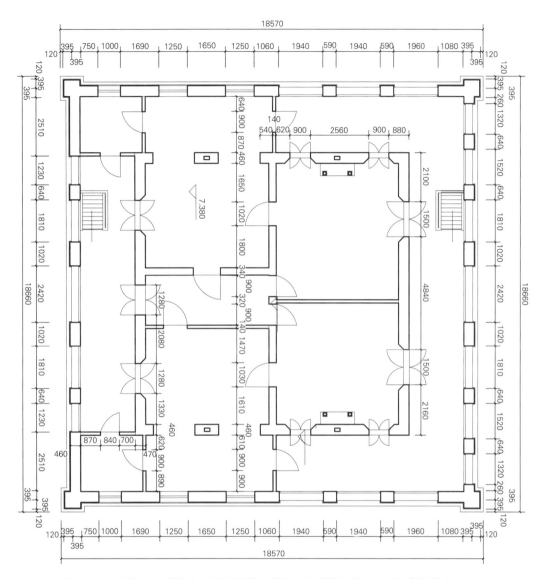

图 4-13 北海关大楼旧址三层平面图（单位：尺寸数值为 mm，标高数值为 m）

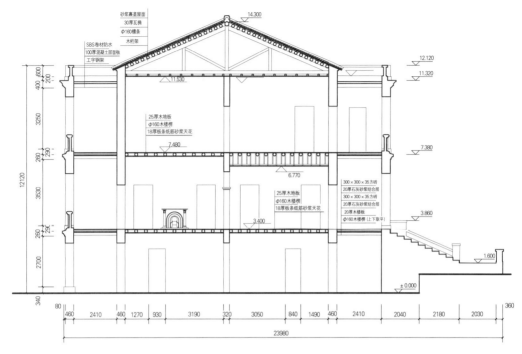

图 4-14　北海关大楼旧址剖面图（单位：尺寸数值为 mm，标高数值为 m）

## 第三节　大清邮政北海分局旧址

　　大清邮政是清朝光绪皇帝在全国范围内开办的国家邮政，是清政府权衡当时国内外邮递形势后作出的一大创新举措。清光绪三年（1877 年），设立北海关。为满足办理外国使团官员、外交使节和眷属往来信函、包裹等业务的需要，光绪八年（1882年），北海关附设海关寄信局。光绪二十三年（1897 年），海关寄信局转为大清邮政北海分局，由税务司兼管。光绪二十九年（1903 年），全国以海关管辖区为标准，划分35 个邮界，北海为其中之一，管辖粤西、桂南地区 6 处邮政分局和 48 处邮政代办所。清宣统二年（1910 年），全国划分 14 处邮界、36 处副邮界，北海为副邮界，隶属邮传部广州邮界邮政司。1914 年，北海副邮界总局改为北海一等甲级邮政局，隶属广东省邮务管理局，1928 年改为北海二等甲级邮政局（图 4-15）。

图 4-15　大清邮政北海分局旧址南面

　　大清邮政是由国家创办并专营的全国性通信机构，是中国近代化过程中建立起来的重要机构，它逐步确立了近代新式的国家邮政制度，结束了国内邮政行业复杂混乱的局面，同时提高了邮递的效率，有利于促进国家经济、社会、文化的发展（图4-16）。

图 4-16　大清邮政北海分局旧址东面

## 一、历史沿革

1897 年，北海海关寄信局被转为国家开办的大清邮政北海分局，由税务司兼管。

1897 年至 1903 年，该旧址作为大清邮政北海分局办公地点，处理邮政业务。

1903 年至 1910 年，该旧址作为北海邮界（北海邮界是当时全国 35 个邮界之一，管辖粤西、桂南地区 6 处邮政分局和 48 处邮政代办所）办公场所。

1910 年至 1914 年，该旧址作为北海副邮界办公场所。

1914 年至 1928 年，该旧址作为北海一等甲级邮政局的办公场所。

1928 年至 1952 年，该旧址作为北海二等甲级邮政局的办公场所。

1952 年 9 月，邮政局、电信局合并后，此处作为邮政业务的营业窗口。

1956 年至 1957 年，该旧址作为北海东街邮电所的办公场所。

1958 年至 1974 年，该旧址作为北海邮电职工宿舍。

1974 年至 2002 年，经北海市人民政府统一调整，此处作为北海市人民政府职工宿舍。

2003 年，该旧址移交北海市天主教爱国会使用。

2006 年 5 月 25 日，大清邮政北海分局旧址作为北海近代建筑，被公布为全国重点文物保护单位。

2018 年 4 月，该旧址开放为北海近代邮电历史陈列馆，主要展示北海近代的邮电发展历史。

2020 年 11 月，该旧址被列入《印象·1876》北海历史文化景区景点之一。

## 二、建筑基本形制

大清邮政北海分局旧址位于北海市海城区中山东路 204 号，为"西洋式"建筑，坐北朝南，平面呈长方形，中轴对称，系单层砖木结构三角木桁架建筑，面阔三间，平面呈长方形，长 18.6 m，宽 6.76 m，高 4.35 m，占地面积 125.73 m²，建筑面积 125.73 m²（图 4–17）。

一层中间两个大厅为办公室，南端为主入口，设外廊为门前厅，外廊进深为 2.73 m，南面设楼梯可进入外廊；北端设内廊，内廊进深 2.41 m，北面设楼梯可进入内廊。室内两座壁炉分别设在两大厅西墙的中部，排烟管沿西墙内侧墙体通向屋顶。

图 4-17 大清邮政北海分局旧址航拍俯视图

## (一)屋面

屋面是五脊四坡红色板筒瓦石灰砂浆裹垄屋面,西坡屋面有两座壁炉的烟筒,屋脊为板筒瓦砌芯,面抹石灰砂浆,不设脊饰,檐口做灰塑砖檐线装饰。瓦屋面下做典型的三角木桁架结构屋架,共六榀,与檩条、椽子构成支撑体系。

## (二)立面

立面为仿欧洲的"西洋式"建筑风格,墙柱间通过拱券结构支撑上部建筑,拱券沿边做优美灰塑线条与墙柱腰线相连。灰塑线条为白色涂层罩面,外墙面做淡黄色面层。

## (三)墙体

墙体采用青砖砌芯,面抹石灰砂浆,内墙做白色纸筋灰罩面,外墙为刮淡黄色矿物质石灰浆面层。青砖规格为 280 mm×140 mm×45 mm。

### （四）门窗

门形式为实心板门，窗为外百叶窗，材质均为杉木，面刷淡蓝色调和漆。

### （五）天花

天花为板条纸筋灰天花，面层刷大白浆，天花四周做有灰塑线条。

### （六）地面

地面为红方砖地面，红方砖规格为 300 mm × 300 mm × 35 mm。

### （七）楼梯

楼梯位于南北两端，均为青砖立砌楼梯，面抹水泥砂浆，两侧做砖砌栏杆。

## 三、文物价值

大清邮政北海分局旧址见证了近代广西乃至全国邮政事业的发展，反映了近代广西邮政事业的变迁，是近代广西邮政事业发展的一个里程碑，是广西由传统邮政向近代、现代邮政转型的一个重要节点。一百多年前，大清邮政设立的总分局数量多，如今全国保存下来的旧址却很少。以广西为例，大清邮政龙州分局、南宁分局、钦州分局旧址早已被毁，大清邮政北海分局旧址得以保存至今，并得到多次维修和保护，称得上是广西尚存历史最长、建设最早、保存较完整的清代邮政局旧址，是我国不可多得的邮电建筑文物。

如今，大清邮政北海分局旧址内仍保留了"邮政地界"石碑、贵重包裹存储柜等与大清邮政开设相关的珍贵文物，这在我国现存的大清邮政旧址中很少见。如"邮政地界"石碑一共2块，为大清邮政北海分局时期所立，原位于旧址所在院子的东面和南面的墙角下，1995 年被发现；其中一块"邮政地界"石碑于 1996 年作为庆祝中国邮政开办 100 周年的珍贵文物捐献给了中国邮政邮票博物馆，另一块"邮政地界"石碑则一直保存在旧址内，作为北海近代邮电历史陈列馆的展品陈列。又如一直放置在旧址东北角的贵重包裹存储柜，专门用来放置邮局收寄的贵重包裹，应为清光绪二十九年（1903 年）北海升为邮界后才制作安装的。

大清邮政北海分局旧址建筑形式简洁，外廊式布局亦较好地适应北海潮湿多雨、烈日气候，外廊可以遮阳挡雨，又有利于通风采光。旧址建筑建造时代特征鲜明，营造工艺精细，将欧洲建筑风格融入邮政建筑营建中，呈现出中西结合外观、传统做法、西式装饰的多样化混合风格，是不同文化、价值体系相互结合的重要实践造物

大清邮政北海分局旧址将欧洲建筑风格融入建筑营建中，造型高档大气，时代特征鲜明，呈现出中西结合外观、传统做法、西式装饰的多样化混合风格，是不同文化、价值体系相互结合的重要实践造物，也为当地及广西带来新的建筑技术和理念，开启了向西方优秀文化学习、借鉴的风潮。

同时，大清邮政北海分局旧址也是北海市历史文化名城的基本构成之一，可让后人了解北海曾经的邮政历史，对于发展北海市旅游事业，促进北海地方相关产业的发展发挥着积极作用，有着重要的社会价值。

## 四、文物建筑结构

大清邮政北海分局旧址结构情况详见图 4-18 至图 4-20。

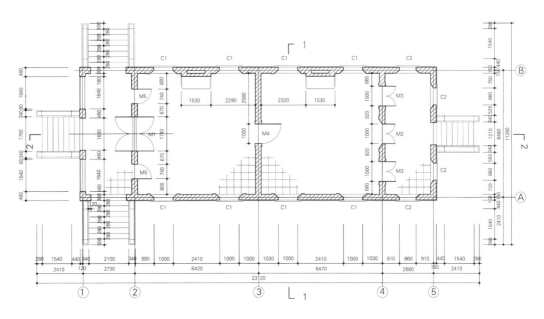

图 4-18　大清邮政北海分局旧址平面图（单位：mm）

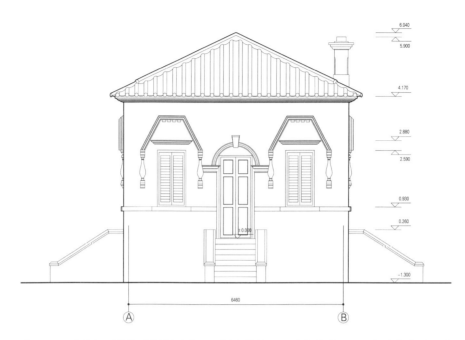

图 4-19　大清邮政北海分局旧址北立面图（单位：尺寸数值为 mm，标高数值为 m）

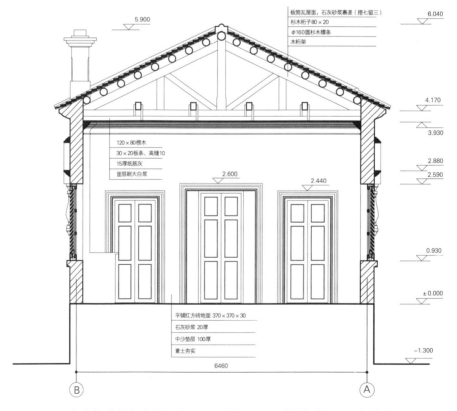

图 4-20　大清邮政北海分局旧址剖面图（单位：尺寸数值为 mm，标高数值为 m）

# 第五章

# 医疗教育类建筑

# 第一节 普仁医院旧址

## 一、历史沿革

清朝末年，北海地区瘟疫频发、医药短缺，英法传教士利用这一时机，在北海兴办西医院，赠医施药，并在医院内设立教堂和学校，以行医之名行传教之实，从而达到在思想上控制北海民众的目的。近代，西方国家共在北海创立了2家西医院，即普仁医院和法国医院（1947年易名为"广慈医院"）。如今，法国医院旧址已毁，普仁医院旧址仍有遗存。

1886年，大英传教士协会为了在北海传播基督教，派遣大英皇家医学院院士和执业医生、传教士柯达前往北海创办普仁医院（Po Yan Hospital），1887年医院开业。这是北海有史以来的第一家西医院，也是近代西南地区最早的医院及我国县、市一级最早的西医院。1890年，普仁医院旁边设立了女子寄宿学校；1891年，普仁医院加建北海区教堂及临时麻风病区；1894年，医院扩建，加建麻风治疗室，专门医治麻风病人。至1896年，大英传教士协会在北海的传教基地初具雏形且渐成规模，基地由普仁医院、普仁麻风医院、女子寄宿学校三大区域组成。

在已有基础上，大英传教士协会在北海的传教基地规模不断扩大，建筑不断增加。1905年新建了护士楼和圣路加教堂，1906年新建了高级医生楼。1919年，大英传教士协会在北海的传教基地达到最大规模，共有12处主要建筑物，分别是护士楼、女校、圣路加教堂、高级医生楼、男校、普通科医院、八角楼、教师宿舍、妇科医院、男麻风病房、普通医生楼、女麻风病房。如果将这些建筑物一字排开，长度可达6.4 km。

1936年，普仁麻风医院整体搬迁到郊区，普仁医院仍继续营业，直至中华人民共和国成立。1952年，普仁医院及女子寄宿学校等建筑被北海市人民政府接管。百余年弹指一挥间，昔日的普仁医院仅存八角楼、医生楼两座建筑，并于1994年被公布为自治区级文物保护单位。2001年6月25日，普仁医院旧址作为北海近代建筑，被公布为全国重点文物保护单位。

## 二、建筑概况

### （一）八角楼建筑

1886 年，普仁医院兴建之初仅有一座医院办公楼及一座病房，这座办公楼就是八角楼建筑。八角楼，因其建筑外形在平面上呈八边形而得名，是当时北海最高的建筑。它是一座三层砖木结构的中西合璧式建筑，是中国传统建筑风水学与西方现代建筑理念结合的产物，在我国近代建筑史上都属罕见。八角楼楼高 13.2 m，地垄高 2 m，边长 2.75 m，对称边距 6.7 m。第一层原为教堂，第二层为医生办公楼，第三层为医生宿舍，屋顶为攒尖顶。1925 年，为了在楼顶建造水池拆除了攒尖顶屋顶。

后来又对八角楼进行改建，改变了建筑外立面窗户的规格和数量，并在东南墙外立面加上混凝土柱子，起加固作用。第三层变为八面拱墙，楼顶成为八边形栏杆的天台。这也就是我们今天所见的八角楼建筑（图 5-1）。

图 5-1　普仁医院旧址八角楼现状图

八角楼后被改作洋人宿舍，中华人民共和国成立后曾作为医疗办公室，现为北海市人民医院保卫科办公室。八角楼下原有门诊部、候诊室、手术室、病房等建筑，现已不复存在。2003 年，北海市人民医院对八角楼进行了保养性维修，主体建筑保存较好。

### （二）医生楼

1906 年，普仁医院兴建医生楼，作为医生的居室。它是一幢类似 19 世纪英国别墅建筑风格的两层楼房，砖木结构，坐北朝南，平面呈长方形，长 26.2 m，宽 12.9 m，高 12.2 m，建筑面积 675.96 m²。屋顶为木桁架结构，庑殿顶，灰砂瓦垄。上下两层四周均设回廊，中间为居室，隔为四间，底层有地垄。回廊由方形檐柱连接拱券门构成，前廊为敞开式，两侧及背面为封闭式内廊。回廊拱门的弧形外框及室内门框、墙肩、墙裙均饰灰塑罗马式凸线条，外墙粉刷浅黄色，内墙为白色，室内还设有壁炉。此楼不但内外结构风格协调，而且冬暖夏凉、干爽防潮。四周树林阴翳，环境清幽，透出英式别墅建筑的高雅格调。

中华人民共和国成立后，医生楼曾被用作人民医院的病房、医疗器械储藏室。该楼于 2004 年得到一次全面的维修，维修好后作为北海市人民医院的历史陈列馆。

## 三、建筑特征分析

因八角楼、医生楼的建筑形制不一，故此处分开探讨分析它们的建筑特征。

### （一）八角楼建筑特征分析

#### 1. 平面布局

八角楼的选址、规划和布局的特点充分体现了中国传统建筑风水理念。其选址位于普仁医院内部地势最高处，建筑高度为当时北海建筑之最，是当时北海地标性建筑。八角楼布局在平面上呈正八边形，没有回廊，坐南朝北，正门开在北墙一层正中位置。一层东墙、西墙两面各开一窗，内部东南面有壁炉，西南面有楼梯通二楼，以前为木制，后改为水泥和铁制楼梯。二层北、西、东三面各开一窗，南面有一圆形通风孔，顶部有一四方孔与三层相通，规格为 80 cm×80 cm。

#### 2. 墙体、墙面

八角楼的墙体采用北海本地烧制的砖砌筑，墙面采用传统工艺，泥灰基层和纸筋灰罩面。最初，一层南墙、北墙外立面安装了门，八角楼每层外立面的东、西、南、北四面均安装单扇窗户，且均有窗檐。后来单扇窗户的规格改小，且封堵了二层南面的窗户，只开设一圆形通风孔。三楼外立面重新改装，拆掉墙面，改装砖砌栏杆和拱券门，并在东南墙外立面安装水泥制作的排水管和混凝土柱子。

### 3. 楼面、天花、门窗

楼面为木质楼楞，楼板为企口板缝拼接，以减轻建筑自重和荷载。天花为板条天花吊顶，起到装饰作用，做法为纸筋灰罩面。后来天花吊顶改为水泥制作，每层有两条南北走向的横梁。二层天花开一四方孔，规格为 80 cm × 80 cm。

一层南面、北面各开一门，门高 203 cm，宽 84 cm，南门已封堵，以前有走廊与其他建筑相通，现走廊已被拆掉。一层东、西两面以及二层北、西、东三面各开一窗，窗高 155 cm，宽 100 cm，应为后期改建。建筑窗户原均为单扇，后因北海当地气候炎热、蚊虫较多，原来的设计不能满足使用要求而改动；又因此楼的使用功能发生变化，故改为双层双开窗，外为木制百叶窗，里为木制玻璃窗，从而起到调节室内气温和防止蚊虫叮咬的作用；封堵二层南墙的窗户，改为圆形通风孔。

### 4. 地垄、台阶、壁炉

八角楼的地垄高 2 m，共 2 节，每节高 1 m。地垄的东面、西面有通风口，为十字形花窗。西南面开一拱券门。北墙门前有一如意踏跺台阶，油麻石材质，共 10 个踏步，下面 4 步，上面 6 步，中间为一小平台。

## （二）医生楼建筑特征分析

### 1. 平面布局

医生楼在平面设置上呈方形，上下两层布置对称，四周均设回廊，中间为居室，隔为三间。右边房间独立成间，左边房间以中间间隔墙为界分为两间，有侧门相通。房间之间的隔墙中部置壁炉烟囱（图 5-2）。

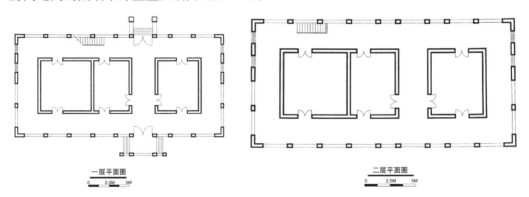

一层平面图　　0　2.5M　5M

二层平面图　　0　2.5M　5M

图 5-2　医生楼旧址一层平面图、二层平面图

### 2. 外廊形态

医生楼两层的前廊均宽 3 m，敞开式。外檐墙置方形檐柱 8 根，支撑大小拱券门 9 个。其中，大拱门 7 个，内宽 2.36 m，高 3.28 m；小拱门 2 个，内宽 1.46 m，高 2.84 m。檐柱之间底层设砖砌直棂栏杆（为后来改砌，原貌应与二层相同，均采用饰凸鼓线的栏板），二层设栏板，均高 86 cm。一层靠东侧第四个拱门不设栏杆，为正门，前置拱桥形台阶，从东西两侧上落，各有踏跺 5 步，步高 16 cm，顶部置休息平台。

医生楼两层的后廊均宽 2.4 m，封闭式。外檐墙布置的檐柱、拱券门与前廊基本对称，除东侧第四个拱门敞开作后门外，其他拱门均砌砖墙封闭，安装窗户。一层后廊东端第二个拱门是新封堵的，原来应有窗口。檐柱之间下部置栏板，高 82 cm，外饰灰塑凸鼓线。后门前置花岗石台阶，有踏跺 6 步，步高 13.5 cm，两侧有护栏，高 1.25 m，门头残存安装檩条的洞口 7 个。后门顶上原有木椽檩、瓦面结构，雨篷一座，后被拆除。

廊内通道两端各筑钢筋混凝土结构的楼梯一座，有梯级 21 步，步高 15 cm，判断为后来修改的，比原梯稍长，推断原楼梯上半部分应为木质。东西两侧回廊宽 2.35 m，布置对称，为走廊通道。

### 3. 房顶

庑殿顶，中间设四缝木结构桁架，两端置戗脊桁架和中缝桁架，承托房顶檩条、椽子和瓦面。屋面铺盖浅红色板筒瓦（板瓦长 27 cm，宽 26.6 cm；筒瓦长 19 cm，宽 10.5 cm；厚均为 0.7 cm），石灰砂浆勾垄，前后为 92 垄，两侧分别为 48 垄。檐口安装扁铁条支架，支撑水槽，以承接集中瓦垄淌下的雨水。

因原屋面筒板瓦和屋脊、勾垄灰砂自然风化、酥碱较严重，已全部被替换。原梁架、檩、椽部分构件霉烂、虫蛀、开裂变形，引起屋面局部下陷变形，已经过维修和替换。檐口水槽为半圆形金属片制作，有落水斗、落水管承接水槽雨水。

### 4. 墙体、墙面

从墙皮灰砂剥落处观察，墙体是用青砖、石灰砂浆一丁三顺砌筑，厚度一般为 30 cm（包括墙皮灰砂层）。青砖规格长 27 cm，宽 12.8 cm，厚 4.5 cm，强度较高，墙体基本无酥碱现象。

内外墙面均遍抹灰砂浆一层作地子，厚 1 ～ 1.3 cm，白色纸筋灰罩面，厚 0.2 ～ 0.3 cm。檐墙（包括廊柱拱门）外侧均涂饰浅黄色涂料，内侧和室内墙壁均涂饰白灰水。檐口叠涩飞砖、回廊拱门、腰楣、柱托、窗头及室内门框、墙裙、墙肩等均采用灰塑罗马式凹凸线条装饰，有弧线，亦有直线，工艺精细，线条工整流畅。

## 5. 楼面、天花、门窗

中间居室及后廊的楼面均架设圆木楼楞，上铺长条形杉木板（板宽 12 ～ 21 cm、厚 3 cm），前廊及两侧回廊为钢筋混凝土。天花板原貌已失，在 2004 年维修时得到恢复。四周檐墙上的窗户均为木质，双扉，镶有玻璃。除底层有四个窗户仍有半圆形固定窗头外，其余均无。室内房门均为杉木制作，有双扉亦有单扉，正门、后门上部一般有摇头窗，表面刷白油漆，保存较完整，只有局部残损，油漆褪光剥落。

## 6. 基础和地坪

基础较稳固，未见下沉现象。在基础上设地垄，青砖砌筑高 80 cm，支撑室内地坪悬空，四周置通风孔（方形，30 cm×32 cm），以利室内地坪保持干爽。室内地坪底层为卵石混凝土（厚 10 cm），上铺细沙垫层（1 ～ 2 cm），其上采用斜格形铺墁浅红色方砖（方砖规格：长和宽均为 37 cm，厚 4 cm）。

## 7. 房间结构

房间结构基本保持原貌，但原有壁炉已被拆除，后在维修时得到恢复。

# 第二节　贞德女子学校旧址与合浦图书馆旧址

1876 年，北海开埠后，英、法、德、美等国传教士纷纷进入北海传教。为了在思想上控制北海人民，自 1886 年起，外国教会共在北海设立 12 所学校。这 12 所学校包括英国学校 4 所、法国学校 5 所、德国学校 1 所、美国学校 2 所。12 所学校中有 2 所为英美创办的女子学校，时至今日，只有英国贞德女子学校旧址得以保留。

辛亥革命后，北海近代教育得到发展，开始出现官办学校，包括小学、初中、高中及女校等。1926 年成立的合浦县立第一中学称得上是北海近代官办学校的代表。如今，合浦县立第一中学只有合浦图书馆得以保留。

贞德女子学校旧址、合浦图书馆旧址是中外国家在北海发展近代教育的历史见证，是全国重点文物保护单位北海近代建筑的重要组成部分，对它们进行探讨研究，有利于还原北海近代建筑学校类建筑的建筑概貌和探究北海近代建筑的建筑特色。

## 一、历史沿革

贞德女子学校旧址位于北海市人民医院内，建于 1905 年。其前身是英国基督教圣公会办的英国女义学，始于 1890 年，专设置女童班，课程有经书、地理、算学、信札、体操等。1924 年，英国女义学被正式命名为贞德女子学校。1926 年后，该旧址曾作为英国教会圣公小学的校舍，中华人民共和国成立后交由北海市人民医院使用，先后曾作为医院会议室、接待室、图书馆、总务科办公室、被服室，现为北海市人民医院图书馆。1993 年，贞德女子学校旧址被公布为北海市级文物保护单位，2001 年，其作为北海近代建筑被公布为全国重点文物保护单位。2014 年 6 月至 8 月，北海市文物局向国家文物局争取到 60 万元经费对其进行全面维修，拆除后期改造门窗、地面、墙体及增建建筑，修复门窗、地面、墙面，恢复建筑原有风貌。此次修缮有效遏制了建筑的病害，恢复了原建筑主体结构的性能，同时消除了建筑安全隐患，让建筑保持在一个健康的状态。

合浦图书馆旧址位于现北海市第一中学解放路校区内，是由陈铭枢先生于 1926 年捐资建造的，是北海当时最早、最大的图书馆。合浦图书馆于 1927 年建成并投入使用，供学生借阅书刊、搜集材料、撰写文章。1938 年，该馆曾作为中国共产党在北海的重要指挥部，赵世尧、陈任生、韩瑶初等中国共产党地下党员利用其作为党在北海的主要活动场所之一。中华人民共和国成立后至 1994 年，该馆一直作为北海中学的图书馆，至 2013 年 9 月北海中学搬迁后移交给北海市第一中学。1993 年，合浦图书馆旧址被公布为北海市级文物保护单位。2006 年，该馆作为北海近代建筑，被公布为全国重点文物保护单位。合浦图书馆旧址由于长期缺失保养维护成为危房，2017 年 9 月至 2018 年 7 月，北海市文物局（现北海市博物馆）组织对其开展修缮，修缮后的合浦图书馆旧址恢复了旧日生机。

## 二、建筑概况

贞德女子学校旧址坐东朝西，为二层砖木结构建筑，硬山双坡屋顶，素面板筒瓦砂浆裹垄屋面，屋面檐口均设排水天沟，屋脊为板筒瓦砌芯，石灰砂浆抹面。前檐为拱券式廊道。建筑平面呈长方形，建筑南北面阔 16.25 m，东西面深 8.59 m，通高 9.89 m。建筑占地面积 161.43 m²，建筑面积 279.18 m²。楞木、楼板、檩条、桁架、椽子、门窗材质均为硬木（图 5-3）。

图 5-3　贞德女子学校旧址图

　　合浦图书馆旧址是一座拱券回廊式西洋建筑，砖混结构，瓦屋顶，坐东朝西，共二层，各层均有回廊。平面呈"凸"字形，建筑东西面阔 18.82 m，南北进深 17.39 m，通高 12.65 m，建筑面积 598 m²。旧址西面为正面，设前庭，前庭两侧为台阶；各层回廊间的拱券边缘有灰饰线条，各廊柱两侧有仿罗马式的科林新柱头，回廊设宝瓶栏杆；四面坡瓦屋顶，石灰砂浆裹垄瓦面，采用杉木制作椽子和檩条，角钢桁架支撑屋面，屋檐四周均设砖砌排水天沟，内外墙面均抹石灰砂浆。西面女儿墙中部外侧有陈铭枢先生手书的"图书馆"字样（图 5-4）。

图 5-4　合浦图书馆旧址图

## 三、建筑特征分析

### （一）建筑整体

#### 1. 平面布局

贞德女子学校旧址一层、二层在平面设置上呈长方形，西面、南面设置宽敞的砖砌拱券外廊，属于半回廊。两层均在西面、南面各开一门，前檐走廊北侧安装了两跑木制楼梯（图5-5）。

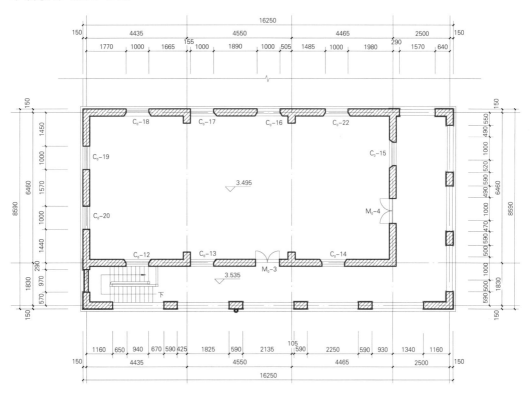

图5-5　贞德女子学校旧址二层平面图（单位：尺寸数值为 mm，标高数值为 m）

合浦图书馆旧址一层在平面设置上呈"凸"字形，二层平面呈"回"字形。上下两层四周均设回廊，中间为一大开间。一层开间共安装了4扇门，东面和西面各2扇。二层开间共安装了12扇门。一层室内南北两侧各有一壁炉。建筑西面前庭处设有台阶，由南北两侧登入。一层南北两廊处各设有一楼梯登上二层。

#### 2. 外廊形态

贞德女子学校旧址共两层，前廊宽1.9 m，外檐墙置方形檐柱6根，支撑8个拱券门。南山墙外廊4处拱券使用砖砌封堵，并开设窗洞，二层檐柱之间底层设砖砌栏杆。

合浦图书馆旧址为回形通廊，南北外檐墙各置方形檐柱 6 根，各支撑大、中、小拱券门 7 个，布置对称。外檐墙中间为大圆顶拱券门，两侧为尖顶拱券门。东西两侧回廊宽 2.35 m，布置对称，为走廊通道。东西外檐墙各置方形檐柱 4 根，各支撑大、小拱券门 5 个，其中大拱券门 1 个，小拱券门 4 个。一层与二层外廊均设青砖砌筑宝瓶镂空栏杆，砖栏杆表面抹灰，宝瓶为陶制绿色琉璃面，栏杆高均为 81 cm，有些宝瓶曾被更换。建筑四周均设有落水管，落水管均设置在外廊砖柱内。

## （二）建筑细部

### 1. 屋顶与女儿墙

贞德女子学校旧址为两面坡屋顶，合浦图书馆旧址为四面坡瓦屋顶。均为素面筒板瓦屋面，石灰砂浆裹垄，板瓦均为红瓦，不设望瓦。屋脊均采用板筒瓦砌芯，石灰砂浆抹面。前者正脊长 1596 cm，高 21 cm，厚 24 cm；各垂脊长 508 cm，高 28 cm，厚 12 cm。后者正脊长 510 cm，高 180 cm，厚 20 cm；各垂脊长 96.6 cm，高 16 cm，厚 20 cm。前者屋面设 57 个瓦垄，瓦垄宽 12 cm，间距 16 cm；板瓦规格为 21 cm×18 cm×1 cm，筒瓦规格为 21 cm×9 cm×1 cm。后者屋面共设 236 个瓦垄，瓦垄宽 12 cm，间距 16 cm；板瓦规格为 21 cm×18 cm×0.8 cm，筒瓦规格为 21 cm×9 cm×0.9 cm。前者椽子、檩条和楞木均为硬木材质，后者则均为杉木材质。前者屋面设 3 榀桁架，桁架由角钢及钢板铆接而成。后者的桁架共 8 榀，有 6 榀为半桁架，桁架均由角钢焊接而成。桁架均保存较好，仅表面生锈。前者前后两檐均设砖砌排水天沟，后者屋檐四周均设砖砌排水天沟。贞德女子学校旧址的雨水立管为陶制，内径 10 cm，壁厚 1.5 cm，长 60 cm，面抹石灰砂浆。

贞德女子学校旧址不设女儿墙。合浦图书馆旧址屋面四周均设有女儿墙，青砖砌筑，中部镂空，高 80 cm，墙面刷白色石灰浆。合浦图书馆四面女儿墙中部顶面有灰塑，中部外侧有陈铭枢先生手书的"图书馆"三个大字，为灰塑。

### 2. 门窗

贞德女子学校旧址门窗为硬木材质，门有双扇对开门、单扇平开门。窗为双层窗，外侧为百叶窗，内侧为玻璃窗，均为双扇对开玻璃窗。一层共安装了 9 扇窗，北墙 2 扇，东墙 4 扇，西墙 3 扇；二层共安装了 10 扇窗，北墙 2 扇，东墙 4 扇，南墙 1 扇，西墙 3 扇。东外墙、北外墙上的窗均设窗檐，共计 12 个，窗檐为青砖石灰砂浆砌筑，窗檐设有板筒瓦砂浆裹垄瓦面（图 5-6）。

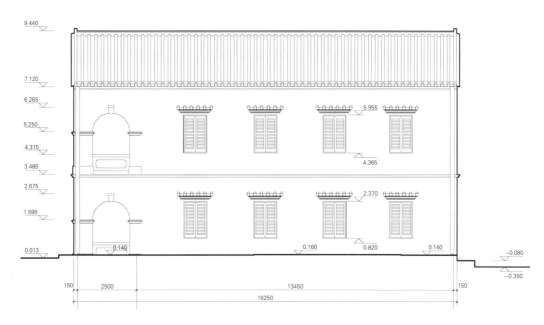

图 5-6　贞德女子学校旧址东立面图（单位：尺寸数值为 mm，标高数值为 m）

合浦图书馆旧址的门窗采用杉木材质，为双层对开门窗，外侧为百叶门（窗），内侧为玻璃门（窗）。一层共安装了 8 扇窗，北墙 2 扇，东墙 2 扇，南墙 2 扇，西墙 2 扇；二层共安装了 4 扇窗，北墙 2 扇，东墙 1 扇，西墙 1 扇。

3. 墙体、墙面

贞德女子学校和合浦图书馆旧址的墙体均为青砖石灰砂浆砌筑，厚 30 cm，青砖规格均为 28.5 cm×14 cm×5 cm；墙面均为米黄色，石灰砂浆打底，纸筋灰罩面。合浦图书馆旧址内外墙面后来均增刷白色石灰浆。贞德女子学校旧址二层楼面外墙、屋檐及外廊拱券起拱处均设有砖檐。

4. 地面、楼面

贞德女子学校旧址一层地面原为红方砖地面，走廊地面原为三合土地面。合浦图书馆旧址的一层地面和二层楼面原为红方砖，后一层走廊地面被改造为瓷砖地面，室内地面被改造为花阶砖地面，二层走廊楼面被改造为方格纹水泥砂浆楼面，室内楼面被改造为瓷砖楼面。

5. 地垄

贞德女子学校旧址不设地垄，合浦图书馆旧址地垄的高度为 0.9 m。

6. 砼梁

合浦图书馆旧址共有砼梁 24 根，两端均支撑在墙上，沿回廊布置，表面抹石灰砂浆。一层、二层各有 2 根砼柱，对称分布，保存较好，柱面后增刷白色石灰浆。

### 7. 台阶、楼梯、栏杆、烟囱壁炉

贞德女子学校旧址无台阶。合浦图书馆旧址西面前庭和一层东面设有台阶，由南北两侧登入，青砖砌筑，水泥砂浆面踏步，设宝瓶栏杆，踏步宽 30 cm，高 15 cm；后来拆除了建筑一层东面原有的台阶，增加砖砌的舞台。

贞德女子学校旧址楼梯位于前檐走廊北侧，楼梯设为两跑楼梯，第一跑楼梯被改造为砖砌楼梯，面抹水泥砂浆，现保存较好，第二跑楼梯被改造为混凝土预制板楼梯；2014 年对其进行全面维修时全部恢复木制楼梯。合浦图书馆旧址一层南北两廊处各设有一楼梯登上二层，为钢筋混凝土踏步，踏步宽 2.5 cm，高 17 cm；砖砌栏杆，后被改造为水泥预制镂空栏杆。

贞德女子学校旧址第二层外廊设砖砌栏杆。合浦图书馆旧址一层、二层外廊均设青砖砌筑宝瓶镂空栏杆，部分栏杆宝瓶被更换，一层室内南北两侧各有一壁炉，保存完好；砖砌烟囱直通屋面，壁炉、烟囱面均抹灰。

# 第六章

# 北海近代建筑
# 与同时期近代建筑之比较

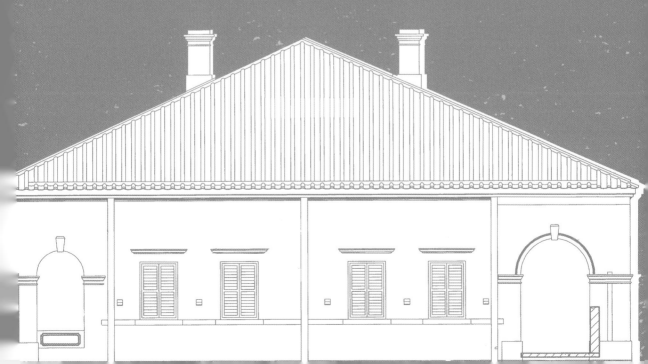

　　建筑被誉为"石头史书"，是一座城市发展到某一特定阶段后能用肉眼直观感受的真实反映，是城市历史忠实的见证者，是一笔宝贵的遗产。

　　自 1840 年鸦片战争爆发之后，中国在政治、经济、文化上发生了一系列的变革，西方文化开始向中国文化渗透，建筑也是如此。建筑风格与装饰首先在沿海地区开始呈现出中国传统建筑本质上的变化。因中国国土广袤，区域差别大，即使在同一时空背景下，近代建筑发展的情况也不尽相同，这是中国近代建筑的一个重要特征。又因为我国近代建筑中传统住宅量多面广，遍布城乡而形式多样，且具有浓重的地方特色，故在此暂不做研究。本章从受西方建筑影响的近代"洋风"建筑入手，通过搜集资料，从内陆及沿海城市中选取了西安、长沙、上海、广州这 4 个城市中具有代表性的近代建筑来与北海近代建筑进行对比，通过对建筑类型、建筑形式、建筑风格、建筑技术和建筑装饰的比较，总结出其中的相同与不同之处，并分析产生差异的原因，挖掘出北海近代建筑自身的典型特色。

## 第一节　北海近代建筑概况及主要特点

### 一、北海近代建筑环境背景

#### （一）自然地理环境

　　北海近代建筑地处的北海市区，临北部湾，从古至今是良好的港口，属海洋性季风气候，具有典型的亚热带特色。四季不明显，长夏无冬，夏无酷暑。

#### （二）人文环境

　　北海市是客家人、疍家人的聚居地，因此客家文化和疍家文化显著。

#### （三）历史文化背景

　　从 1858 年《天津条约》允许外国传教士到中国境内传教，到 1876 年，中英《烟台条约》签订，西方列强纷至沓来，先后有英国、德国、奥匈帝国、法国、意大利、葡萄牙、美国、比利时 8 个国家在北海设立领事馆、教堂、医院、海关、洋行、修道院、育婴堂、学校等一系列机构。

## 二、北海近代建筑的主要特征

### （一）建筑类型

北海近代建筑是全国重点文物保护单位，专指北海开埠后所建的一批西洋建筑，这批建筑集中分布于两个区域：一个区域位于北海市中心的解放路、中山路、北部湾路一带，另一个区域位于北海市涠洲岛上的盛塘村和城仔村。其时间范围是从 19 世纪中叶至 20 世纪 40 年代，有 80 多年的历史。建筑囊括了领事馆、海关、邮政局、医院、学校、商行、教堂等共 17 处建筑（表 6-1）。

按建筑功能不同划分，分为宗教建筑和公共建筑两大类。

宗教建筑除传统的佛教寺院、道教宫观外，西方各种教派在北海修建了西方的天主教堂、基督教堂，它们是最早出现在北海的新的建筑类型。

公共建筑类型也相当丰富，时间最早的是受基督教文化影响的教会医院和学校。民国时期，公共建筑类型愈趋丰富，出现了新型的办公建筑、商贸建筑、邮政建筑等。

**表 6-1　北海近代建筑主要类型及代表实例**

| 建筑类型 | | 代表实例 |
|---|---|---|
| 教会建筑 | 天主教会 | 涠洲盛塘天主堂、涠洲城仔教堂、北海天主堂、双孖楼旧址、女修道院旧址、主教府楼旧址 |
| | 基督教会 | 德国信义会教会楼旧址、会吏长楼旧址 |
| 公共建筑 | 医院建筑 | 普仁医院旧址 |
| | 办公建筑 | 英国领事馆旧址、德国领事馆旧址、法国领事馆旧址、北海海关大楼旧址 |
| | 学校建筑 | 合浦图书馆旧址、贞德女子学校旧址 |
| | 商贸建筑 | 德国森宝洋行旧址 |
| | 邮政建筑 | 大清邮政北海分局旧址 |

## （二）建筑形式

北海近代建筑受西方建筑的影响，建筑形式倾向于将功能集中于一栋建筑之中。从普仁医院的平面和立面（图6-1、图6-2）可以看出多体量组合的聚合性空间的特点。

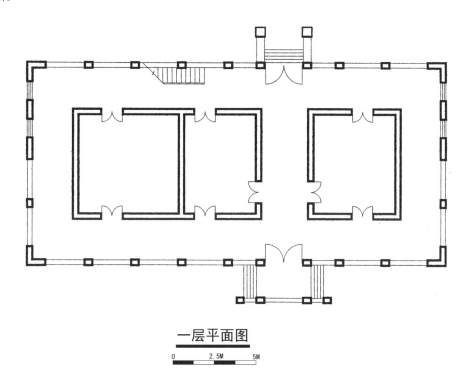

**一层平面图**

0　　2.5M　　5M

图6-1　普仁医院一层平面图

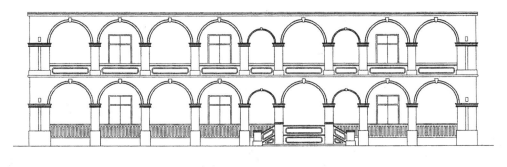

**正立面图**

0　　2.5M　　5M

图6-2　普仁医院正立面图

## （三）建筑风格

北海近代建筑风格以外廊式建筑风格和西方古典主义哥特式建筑风格为主。北海属南亚热带季风气候，热量丰富，降水丰沛，太阳辐射较强，因此为保证建筑的遮阳、挡雨、隔热等功能，北海近代建筑结构设计考虑当地自然地理、气候特点，结构多为外廊式，如英国领事馆旧址（图 6-3），其特点是每层三面或四面都设回廊，底层还设有架空隔潮透气层，称为地垄，与拱券、长廊和地窗有机结合，使建筑采光好，并利于通风防潮。外廊式建筑多以简约大气的风格、明快流畅的线条著称，是西方列强热衷的带有权宜性意味的建筑形式。教堂属欧洲哥特式建筑风格，如涠洲盛塘天主堂（图 6-4）。哥特式风格的教堂是列强通过意识形态企图殖民中国民众的必要工具，它的建筑除为适应殖民的最初需要量力而行外，还秉承了西方宗教固有的苍穹小尖顶特色，造成一种向上升华、"天国神秘"的幻象。因此，北海近代建筑作为西方文化入侵本土的产物，体现了西式建筑进入北海的历史时期，带有殖民功利目的特征。

图 6-3　英国领事馆旧址

图 6-4　涠洲盛塘天主堂旧址

## （四）建筑建造技术

随着经济文化的发展及西方文化的传入，北海近代建筑建造技术也在不断变化，在传统技术与西方技术、木材与砖材不断结合的过程中，形成了自身的建筑营造技术的特色。

### 1. 建筑结构技术

北海近代建筑的结构绝大多数为砖木混合结构，少数为砖混结构。砖木混合结构是将单纯的砖承重结构与单纯的木承重结构融合在一起而形成的一种新的混合承重方式，是北海建筑中普遍采用的一种构造方式。北海近代建筑是由英、法、德等国的技术人员设计，由当地能工巧匠参与建造的，中西方建筑技术由此交融，西方建筑采用的砖墙和砖柱承重的结构形式逐渐融合到当地的传统建筑中，从而形成了砖木混合的结构形式。砖木混合结构的一般形式是以砖墙或砖柱为主要的竖向承重结构，将木梁加入砖墙或砖柱内，再在木梁上铺设木楼板。具体的构造形式在不同的建筑中会有所不同。建筑的楼梯一般也为木制，易于与木梁结合。

### 2. 建筑材料

北海近代建筑的材料选取以"因地制宜、就地取材"为原则，充分利用当地所产的木、土、石等地方材料，节约了建造成本。新材料的引用与突破是水泥作为建材使用，北海近代建筑是早期使用水泥的建筑之一。

### 3. 建筑规模和构件

北海近代建筑多为一层或二层，下设地垄（隔潮层），地垄上铺木地板，置回廊。

屋顶多为四面坡瓦顶、欧式红黏土瓦顶，室内有壁炉，地面铺装多以红方砖为主，少数为三合土楼面。回廊外侧建筑内外墙上多使用拱券门窗，安装可活动的百叶窗扇。教堂则由钟楼、祈祷厅和祭台间三部分组成。绝大部分建筑屋身为青砖墙，屋架多为木屋架。室外栏杆多采用西式瓶形护栏。整体造型西式建筑风格浓郁。

### 4.建筑装饰艺术和细节

北海近代建筑装饰不是富丽堂皇，但不失精巧美观。这些装饰不仅装扮了建筑，美化了周边环境，更重要的是在这些装饰中还蕴藏着深厚的文化内涵，其装饰艺术充分反映了当地人民在物质需要之外的精神追求。

装饰细处——砖柱、外墙、拱券借鉴欧洲古典建筑的艺术风格，大量使用了枭、混线进行装饰。其做法是在拱券的外沿和支撑拱券墙体的方形柱顶端均有枭、混线，其中混线又称脚线，它位于柱子和拱券的连接处，起着既分割又联系的过渡和衔接作用，使本来平直的墙面由于曲直线条的变化变得层次清楚，更具有立体感和较强的艺术效果。

建筑门窗洞口多为西式半圆券、弧形券或平券处理，一般处理较为简洁，不多修饰。大门拱券及外墙拱形窗楣层次丰富，做工精美。内部门窗装饰多为中国传统的百叶式，更多体现了中国传统建筑的特色。

建筑色彩上，立面大都为粉刷面层。色彩的选择上，基底色以浅色铺开大色块，大多使用灰白色、浅黄色为基底色相，使得建筑外观素雅简洁，连续的拱券呈现韵律感、节奏感。以红色点缀屋顶和门窗，在淡雅的色彩背景下添了一抹生动。建筑上，除教堂外极少使用彩绘，简洁朴素。

装饰用材多样，建筑装饰材料大多就地取材。砖石、泥灰材料坚实、抗腐蚀，用于建筑的结构构件及外墙各部位装饰；木材易于雕琢，质地较轻，多用于门窗等构件的装饰。部分构件使用建材本色，不施油漆。

# 第二节　北海与同时期近代建筑之比较

## 一、同时期近代建筑典型案例的主要特征

19世纪中叶到20世纪三四十年代，西方建筑文化随着帝国主义的侵入，先后在中国沿海至内陆形成影响。

内陆城市中，以西安和长沙为典型。西安、长沙与北海皆是国家历史文化名城，历史悠久，文化昌盛。其中，西安是"世界四大古都之一"，是中国历史上建都最早、朝代最多、时间最长、影响力最大的都城，是中华文化的杰出代表，被誉为"天然历史博物馆"。而长沙也有着非常丰富的历史文化底蕴，拥有麓山寺、岳麓书院、天心阁等代表性建筑。

沿海城市中，选取上海和广州为典型。上海、广州与北海皆是最早开埠的沿海城市。上海是一座经济、文化底蕴深厚的城市，其近代建筑具有十分丰富的内涵，自1843年开埠以来，几乎囊括了世界建筑各个时期的风格，是一部活生生的世界建筑史。广州是"海上丝绸之路"的主埠，是较早接受外来文化、跨入近代化进程的城市之一。鸦片战争结束，签订《天津条约》后，西方文化特色的宗教建筑、纪念性建筑、公共建筑和商业建筑纷纷在广州出现，像一部部收录机，记录着广州近代百年的斗争故事。

西安、长沙、上海、广州和北海，这5座在相同时代背景下却有着不同发展轨迹的城市，留下了一批优秀的近代建筑，且各具特色。下面将整理归纳西安、长沙、上海、广州这四座城市近代建筑的主要特点，并与北海近代建筑进行比较（表6-2和表6-3）。

表6-2　西安和长沙近代建筑主要特点汇总表

| 主要特点分项 | 西安 | 长沙 |
|---|---|---|
| 建筑类型 | 宗教建筑、工业建筑、公共建筑、居住建筑 | 宗教建筑、工业建筑、公共建筑、居住建筑 |
| 建筑形式 | 将功能集中于一栋建筑之中以连廊或者厅来连接组织，建筑内部功能复杂化、特化 | 将功能集中于一栋建筑之中以连廊或者厅来连接组织 |
| 建筑风格 | 券廊式、西方古典建筑风格、现代式、"承续型"风格 | 券廊式、哥特式、罗马爱奥尼克圆柱式、中国传统宫殿式近代建筑、新民族形式建筑 |
| 建筑建造技术 | ①建筑结构：大多数建筑采用砖木混合结构，少量建筑使用中国古典木质梁栿；②建筑材料：以木材、青砖、小青瓦、钢材为主；③建筑构件：屋顶以坡屋顶为主，少数直坡屋顶及组合形式。学校、居住建筑普遍修建地下室或半地下室；屋身以砖木混合结构、钢筋混凝土框架结构、钢框架结构为主；屋架以木屋架、金属屋架为主；地砖以传统黏土砖为主，少数为木质地板 | ①建筑结构：以砖混结构、砖木结构、石木结构为主；②建筑材料：以木材、青色清水砖、红色清水砖、琉璃瓦、花岗石为主；③建筑构件：屋顶以坡屋顶、人字歇山屋顶、传统古典式屋顶为主。学校、居住建筑普遍修建地下室或半地下室；屋身以砖木混合结构、钢筋混凝土框架结构、钢框架结构为主；屋架以木屋架、金属屋架为主；地砖以传统黏土砖为主，少数为木质地板 |

续表

| 主要特点分项 | 西安 | 长沙 |
|---|---|---|
| 建筑装饰艺术和细节 | ①建筑立面垂直和水平的构图以及山墙的处理：绝大部分建筑屋身为清水青砖墙，通过砖本身的砌筑工艺体现细节，如线脚、壁柱等，砖砌墙角多有"隅石"的做法，砖雕装饰反映出地方传统建筑的趣味；②窗洞口多为西式半圆券、弧形券或平券处理，一般处理较为简洁，不多修饰；③门窗绝大多数为西式木质门窗 | ①门窗形制多样；②色彩方面，绝大多数近代建筑以红色、黄色为主色系，辅以青色、白色、灰白色、褐色 |

表6-3　上海和广州近代建筑主要特点汇总表

| 主要特点分项 | 上海 | 广州 |
|---|---|---|
| 建筑类型 | 宗教建筑、工业建筑、公共建筑、居住建筑 | 宗教建筑、纪念性建筑、公共建筑和商业建筑 |
| 建筑形式 | 将功能集中于一栋建筑之中以连廊或者厅来连接组织，建筑内部功能复杂化、特化 | 将功能集中于一栋建筑之中以连廊或者厅来连接组织 |
| 建筑风格 | 外廊式、巴洛克风格、西方古典主义建筑风格、折中主义建筑风格、现代摩登主义 | 哥特式、罗马爱奥尼克圆柱式、中国传统宫殿式建筑、新民族形式建筑 |
| 建筑建造技术 | 上海近代建筑从建筑技术上来说，有江南传统建筑和西式风格建筑，传统风格建筑采用木构梁柱结构，开埠后出现的西式建筑则为砖石承重、木架屋盖，特别是拱券的运用。19世纪90年代继工业革命之后，上海建筑开始使用新材料，比如钢结构、混凝土、水泥。在建筑技术上不只是材质的引进，还有管理施工上的新技术。当时出现了国外建筑师、机构，如邬达克、通和洋行、公和洋行、德和洋行，中国建筑师和团体有董大酉、吕彦直的彦记建筑事务所、庄俊建筑事务所、中国建筑师学会和上海建筑协会等 | ①建筑结构：砖（石）木混合结构、钢筋混凝土结构及钢结构；②建筑材料：引入新式材料红砖、混凝土、水泥、玻璃及钢材；③建筑构件：屋顶以四面坡屋顶为主，屋身以砖（石）木混合结构、钢筋混凝土结构及钢结构为主，屋架是木屋架、钢材屋架通过钢屋架技术、钢筋混凝土技术与中国传统形式结合的"中国固有式" |
| 建筑装饰艺术和细节 | ①19世纪末至1920年：发展时期，建筑平面讲究轴线对称，外立面有明显的主从关系，提倡统一并有明显的横段三段和纵段三段式，强调建筑局部与整体之间相协调，建筑上追求气派，室内装饰极为奢华；②1920年至1945年：成熟时期，使用比较几何化的纯粹装饰（发散性图案、齿轮流线线条、几何图形等），并饰以明亮的颜色，采用一些亚洲、非洲、欧洲等古文化元素，如中国传统纹样等 | ①窗洞口多为西式半圆券、弧形券或平券处理，一般处理较为简洁，不多修饰；②门窗绝大多数为西式木质门窗，窗户以玻璃材质为主；③色彩方面，黄色外墙涂料、灰色调的石材和仿石建筑和红色清水砖墙为主色调，用白色浅浅勾勒边线，再点缀以中低明度、高纯度绿色或棕红色窗框，整体色调明朗轻快 |

## 二、北海近代建筑与同时期近代建筑的异同及产生的原因

### （一）北海近代建筑与同时期近代建筑的异同

#### 1. 建筑类型

北海近代建筑分布集中、类型少而质量高，仅以宗教建筑和公共建筑为主，有极少的工业建筑和居住建筑。同时期其他城市（如西安、长沙、上海和广州）近代建筑的建筑类型较丰富，除宗教建筑和公共建筑外，还有纪念性建筑、工业建筑和居住建筑等。

#### 2. 建筑形式

建筑形式方面差异小。无论是沿海还是内地的近代建筑，从平面功能组织到外观造型、细部等建筑形式都表现出聚合功能的特点，倾向于将功能集中于一栋建筑之中，以连廊或者厅来连接组织，建筑内部功能复杂化、特化。特别是公共建筑，比如近代的医院、银行建筑还有居住建筑中的独立式住宅等，往往将各功能空间集中组织在一起，建筑造型表现出外向的、立体的、体量的、个性化的特性。但因为北海近代建筑的规模都较小，所以其功能的复杂程度（特别是公共建筑）没有经济发达的沿海开埠城市（如上海、广州等）那么高。

#### 3. 建筑建造技术

北海近代建筑为基本的外廊式，砖木结构，建筑技术要求低，较粗糙。材料也是尽量取于本地，如红方砖、青砖等，唯一突破就是引用了新材料——水泥。而同时期西安、长沙、上海和广州等地的近代建筑，均运用了玻璃和钢材，特别是长沙、上海和广州等经济特别发达的地区，钢筋混凝土结构技术得到极大的推广、拓展，建筑开始向高度发展，单栋建筑功能趋于综合化、多样化。新技术的运用开拓了设计者和使用者的视野，在钢筋混凝土框架结构的基础上开始酝酿更新、更有效的结构技术，钢结构在高层建筑中的应用与发展又是一次结构技术创新的飞跃。典型案例有上海惠罗公司、广州爱群大酒店等。

#### 4. 建筑风格

北海虽属沿海城市，但近代建筑风格跟西安、长沙等内陆城市的近代建筑一样，因社会风气较为保守，对新建筑的接受程度较弱，外来建筑文化没有像沿海商埠城市一样被全盘吸收，因此表现西方风格的数量少，表达的层次不够丰富；风格表现不纯粹、不明显，细部虽具有本土化、地方化等特点，但除早期的教堂建筑具有西方古典主义哥特式风格外，其他建筑以外廊式建筑风格为主，再无其他风格表现。而上海、

广州等沿海干线城市，建筑受外来影响较早且大，直接引入了西方的规划模式和建筑类型、样式和建造方式，西方建筑风格明显且多样化，除具有西方券廊式外，还具有西方古典主义哥特式、巴洛克式、罗马柱式等风格。中国传统建筑基础深厚的城市，如西安，还出现了中西合璧的风格，即将西方建筑风格跟中国传统建筑风格折中融合，在外观上同时具有中国和西方建筑的特征，属于折中的建筑风格。受民族运动影响的城市，如长沙、广州等，还出现了"中国固有形式风格"。

5. 建筑装饰艺术和细节

北海近代建筑在内外装饰上除教堂建筑有砖雕、彩画外，其余大多数都是外墙面辅以黄色、灰白色，白色墙线装饰，红色屋顶，门窗洞口多为西式半圆券、弧形券或平券处理，装饰处理较为简洁、淡雅。而同时期发展较为优秀的近代建筑色彩丰富，如长沙、广州在色彩应用上形成了以红、黄为主的区域主导色系，辅以青、褐、灰白、绿、白、灰等，明亮而不失庄重。外部装饰上，西安、长沙、上海和广州除有西式的拱券、门廊外，还融入中国传统古典建筑风格，在新建筑的体量基础上，适当装点中国式的装饰细部，如长沙湘雅医院原门诊大楼屋顶采用人字歇山屋顶。而一些精巧细致的砖雕，即使是在以西式建筑为风格的建筑中也能显现出来。

## （二）北海近代建筑与同时期近代建筑产生异同的原因

### 1. 城市经济发展差异和城市化程度的高低使建筑的类型和形式产生差异

伴随着城市工业经济的发展而出现的是近代工业建筑，如纺织厂、面粉厂、化工厂、电厂等工业厂房开始出现。城市经济壮大，城市化程度高，公共建筑类型愈趋丰富，出现了新型的办公建筑、旅馆建筑、影剧院建筑、文化建筑、商业建筑、交通建筑、邮政建筑等，从而使得居住建筑类型也有了发展，除传统的庭院式住宅的改进外，还出现了近代独立式住宅和低层集合住宅。

随着建筑类型的拓展，建筑类型一般呈现多样化趋势。而北海作为经济发展缓慢、城市化程度低的城市，其近代建筑形式与经济发展迅速、与西方文化接触较深、城市化程度较高的通都巨邑上海、广州等的近代建筑一样，倾向于将功能集中于一栋建筑之中，以连廊或者厅来连接组织，建筑内部功能复杂化、特化，但复杂程度比之要小。

### 2. 地理位置不同，吸收西方建筑文化的程度不同；而地域历史文化不同，也使得建筑风格不同

教堂是北海、西安、长沙、上海和广州最早出现的近代建筑，直接引入了西方的规划模式、样式和建造方式，风格以西方古典主义哥特式风格为主。后因西方文化不断渗透，建筑类型得到了极大拓展，开始按照不同类型的功能而划分，建筑风格也开

始丰富起来。因地理位置不同，吸收西方建筑文化的程度不同，地域文化不同，出现的建筑风格也不同。

3. 城市经济规模的大小、文化开明程度的高低影响建筑技术的引进、创新，从而造成建筑质量和规模的差别

城市商业规模越来越大、文化开放程度越来越高的城市，如上海、广州等，引进了国外先进的技术经验，运用了新材料、新结构、新设备，学会了新建筑的设计原理、新结构的计算方法和新材料的制作工艺，掌握了近代的施工机械和大跨、高层等复杂的施工技术和设备安装，形成了一套新技术体系和相应的施工队伍，设计建造了与当时经济水平相匹配的高层近代建筑。而北海和西安一样，近代建筑大多为一至二层的砖木结构，鲜少三层以上；建筑样式多为外廊式，取材、建造大多依据当地的供应能力，虽具西方格局、风格，但与当时的西方建设水平相去甚远。

与同时期其他城市近代建筑相比，北海近代建筑种类不算丰富，它没有华丽的外表、独特的风格，或许在同类建筑中稍显普通，鲜有闪光点，但这些历史建筑也只有在当时的政治、经济、文化环境下才能产生，全部都是历史赋予我们的财富。对于北海这座城市来说，它是历史的记述者，即使不算出类拔萃，相信经过时间的沉淀，终会成为属于北海的一张独特名片。

# 第七章

## 北海近代建筑的保护

北海近代建筑大多经历了 100 多年的风吹雨打，作为砖木结构的建筑，普遍受损严重，因此保护就成了这批建筑首先要解决的问题。如何正确地修缮、保护北海近代建筑，使其更好地传承下去，笔者认为有如下几个方面：公布为文物保护单位，纳入法律保护，公布保护范围，加强日常保护，编制并实施保护规划，实施维修工程。

## 第一节　日常保护

### 一、"四有"工作

北海近代建筑，通俗地说，就是建于近现代的一组西洋建筑群，共 17 处 28 座建筑。分别于 2001 年和 2005 年被国务院公布为第五批和第六批全国重点文物保护单位。北海近代建筑的保护是关系到北海历史文化延续发展的一个重大课题，因此必须站在历史的高度来看待。作为基础工作，必须全面完成这批建筑的"四有"工作（即有保护范围、有保护标志、有记录档案、有保管机构）。截至 2022 年，北海市文物局作为北海近代建筑专门管理机构，人员编制 12 人；2003 年和 2006 年，广西壮族自治区人民政府公布了北海近代建筑的保护范围和建筑控制地带，明确了保护范围和建设控制范围；2001 年和 2006 年，安装了保护的标志牌和说明牌；2005 年和 2014 年，编制了北海近代建筑的档案。可以说，北海近代建筑的文物"四有"工作较为完善。

### 二、文物巡查

在日常保护工作方面，以经常性巡查为主，一般情况下每周巡查两次，巡查内容主要为：一是文物建筑是否存在消防安全隐患，室内外电器线路是否会引起火灾，消防器材是否有效、数量是否足够等；二是是否存在改建、添建、拆建等破坏文物本体的情况；三是文物建筑用途是否符合有关法律要求；四是检查周边环境是否出现新的不协调情形。

### 三、日常维护

日常维护是文物保护的基础工作。通过日常巡查，及时发现存在的小问题，并及时解决，可降低文物建筑的保护成本。如小范围的破损，可及时修补，不等到严重破损才去维修。通过经常性维护，将可能产生的损坏阻止在初始阶段，在小问题阶段就解决了，不必进行大修，也有利于文物建筑原状的保持，使文物建筑得到更好的保护。

在定期（20年、30年或是更长时间）进行全面维修的基础上，每年都应对每座建筑进行日常保养维护，以延长北海近代建筑的寿命，传承其承载的历史文化。在周边环境整治方面，原则上是要保护、改善文物本体的历史环境、生态环境和景观环境。如在北海近代建筑周边进行基本建设、经济活动时，要以保护文物建筑的环境风貌为前提；在保护范围和建设控制地带内进行必要的交通路网建设时，应考虑对其进行有效避让，并与其风貌相协调。

## 第二节　保护范围的确定

2003年1月2日和2006年12月13日，广西壮族自治区人民政府发布通知，公布了北海近代建筑的保护范围和建设控制地带，具体如下。

英国领事馆旧址。保护范围：旧址主体建筑往东7.5 m，往北7.5 m，西至北京路，南至北海市第一中学大门以内，北面、西面与保护范围线同界。建设控制地带：保护范围的外延向东7.5～22.5 m以内，北面、西面与保护范围同界。

德国领事馆旧址。保护范围：旧址主体建筑往东30～405 m、北6 m、西22 m、南23～58 m以内，总面积5595 m²。建设控制地带：保护范围的外延向东38～44 m、北8 m、西70 m、南33～60 m以内，总面积19740 m²。

法国领事馆旧址。保护范围：旧址主体建筑往东14 m、北10～29 m、西34 m、南27～34 m以内，总面积6488 m²。建设控制地带：保护范围的外延向东38 m、北17 m、西29 m、南41 m以内，总面积19740 m²。

德国信义会教会楼旧址。保护范围：旧址主体建筑往东3 m、北44 m、西10 m、南32 m范围内，总面积4340 m²。建设控制地带：保护范围外延向东30 m，外延向北17 m至中山路向西23 m，外延向南15 m范围内，总面积12253 m²。

北海关大楼旧址。保护范围：旧址主体建筑往东14 m、北10 m、西16 m、南

25 m 以内，总面积 2468 m²。建设控制地带：保护范围的外延向东 15 m、北 23 m，西与保护范围界线相同，外延向南 23 m 以内，总面积 6197 m²。

会吏长楼旧址。保护范围：会吏长楼旧址，贞德女子学校东墙外出 10 m，北由贞德女子学校北墙外出 8 m，西由会吏长楼旧址西墙外出 16 m，南由会吏长楼旧址南墙外出 22 m 的范围内及两建筑间区域组成。总面积 3444 m²。建设控制地带：保护范围边界外延向东 28 m、北 28 m、西 70 m、南 33～60 m 以内，总面积 12526 m²。

女修道院旧址。保护范围：旧址主体建筑往东 5 m、北 13～23 m、西 13 m、南 20 m 以内，总面积 2188 m²。建设控制地带：保护范围外延向东面、北面至和平路，往西 25 m，往南 27 m 以内，总面积 9423 m²。

普仁医院旧址（医生楼、八角楼）：

①医生楼。保护范围：旧址主体建筑往东 12 m、北 18 m、西 11 m、南 23～58 m 以内，总面积 2825 m²。建设控制地带：保护范围的外延向东 22 m、北 32 m、西 16 m、南 29 m 以内，总面积 9650 m²。

②八角楼。保护范围：旧址主体建筑往东 24 m、北 7～18 m、西 12 m、南 17 m 以内，总面积 1994 m²。建设控制地带：保护范围的外延向东 14 m、北 12 m 至和平路边，向西 23 m、南 18 m 以内，总面积 6605 m²。

贞德女子学校旧址。保护范围：贞德女子学校东墙外出 5 m，北由贞德女子学校北墙外出 8 m，西由贞德女子学校西墙外出 30 m，南由会吏长楼旧址南墙外出 22 m 的范围内及两建筑间的区域组成，总面积 3444 m²。建设控制地带：保护范围边界外延向东 28 m、北 28 m、西 70 m、南 33～60 m 以内，总面积 12526 m²。

德国森宝洋行旧址。保护范围：洋行两幢楼相连主体建筑往东 14 m、北 7 m、西 5 m、南 21～30 m 以内，总面积 3012 m²。建设控制地带：保护范围的外延向东 10 m、北 34 m、西 21 m、南 40 m 延至国通商场围墙，总面积 15754 m²。

双孖楼旧址。保护范围：旧址主体建筑往东 12～18 m、北 10～16 m、西 34 m、南 10 m 以内，总面积 8587 m²。建设控制地带：保护范围的外延向东 36 m、北 9 m 至公路边，向西 45 m、南 14 m 以内，总面积 18770 m²。

主教府楼旧址。保护范围：旧址主体建筑往东 22 m、北 20 m、西 35 m、南 21 m 以内，总面积 6000 m²。建设控制地带：保护范围的外延向东 19 m、南 35 m 以内，北面、西面与保护范围线统界，总面积 10668 m²。

涠洲盛塘天主堂。保护范围：主体建筑往东 103 m、北 30 m、西 32 m、南 65 m 以内，总面积 17095 m²。建设控制地带：保护范围的外延向东 28 m、北 20 m、西 28 m、南 31 m 以内，总面积 39874 m²。

涠洲城仔教堂。保护范围：旧址建筑往东 37 m、北 160 m、西 37 m、南 46 m 以内，总面积 10930 m²。建设控制地带：保护范围的外延向东 20 m、北 20 m、西 20 m、南 20 m 以内，总面积 20442 m²。

北海天主堂旧址。保护范围：旧址主体建筑往东 10 ～ 13 m、北 11 m、西 3 m、南 33 m 以内，总面积 2415 m²。建设控制地带：保护范围的外延向东 18 m、北 17 m、西 23 m、南 12 m 以内，总面积 6868 m²。

大清邮政北海分局旧址。保护范围：以大清邮政北海分局旧址墙基为边线，东至海关路 6.5 m，南至中山东路 3 m，西边 1.6 m，北边 23 m。建设控制地带：无建设控制地带。

合浦图书馆旧址。保护范围：墙基为边线，延伸至东南 20 m、西南 33 m、西北 11 m、东北 42 m。建设控制地带：无建设控制地带。

## 第三节　保护规划的编制

任何工程都要讲究规划，文物保护也不例外，必须制定北海近代建筑的各类保护规划和保护工程方案，经国家文物局审批后由地方政府实施。北海近代建筑是全国重点文物保护单位，是北海历史文化名城的重要组成部分，为了有效地保护北海近代建筑，必须以"保护为主、抢救第一、合理利用、加强管理"的文物工作方针为指导，落实《北海历史文化名城保护规划》，使文物的真实性和完整性得到有效保护和延续。同时，要协调北海近代建筑的保护与北海城市建设的关系，强化北海近代建筑和环境的有效保护与合理利用，配合历史文化名城所带来的积极影响，进一步挖掘历史文化内涵与丰富展示内容，使北海在经济建设中，更好地保护和利用北海近代建筑，让经济建设和文物保护相互促进，达到双赢。从 2005 年开始，北海市文物管理部门邀请具有相关资质的广西文物保护研究设计中心着手编制《北海近代建筑保护规划》（以下简称《规划》）。该规划已于 2014 年通过了北海市规委会的审查，截至 2022 年 8 月，规划仍在接受国家文物局审批。《规划》目标：以北海近代建筑的保护为核心，依据文物的历史与现实环境形态，明确 17 处文物的区划及分区范围，确保文物建筑在市区未来 20 年建设中，其文物本体、原有形制及其适当环境氛围的真实性、整体性不受北海城市基础建设的负面影响；运用有效的保护措施，实现对文物本体科学合理的维修保护；重视历史环境风貌与区域景观整体的有效展示与合理利用，同时兼顾区域内相关文物的收集、征集、整理研究和展陈，营造有利于开展北海近代建筑保护与陈列展示、学术研究的良好环境，使北海近代建筑的保护与利用步入可持续发展的良性循环轨道。

规划内容涉及：根据历史环境风貌及其保存现状的发展状况，调整文物保护范围和建设控制地带的区划；完善北海近代建筑的保护措施并制定分期实施的计划；防雷、防火、防灾、技术防范规划；提出道路、给排水、供电、电信的规划要求；调整土地使用性质等。

## 第四节　特别保护工程

### 一、英国领事馆旧址平移保护

在北海近代建筑的保护工程中，英国领事馆旧址的平移是一个关键点，揭开了北海近代建筑保护维修的序幕。

英国领事馆旧址于 1994 年被公布为自治区级文物保护单位。为实施连接北海市火车站与城区交通的解放路贯通计划，同时又更好地保护文物，经有关部门批准，北海市人民政府决定对英国领事馆进行平移。平移的技术构思来自搬运重物先把重物设法支托在带有滚轴的多板平面上，再用引力推动钢板，使重物随同钢板一同运动，待到达新址后再使重物与钢板脱离的原理。在整体平移中，广西建筑科学研究院和福建建筑科学研究院做出了极大的贡献。在实施过程中，采用斜向一次平移到新址的方案，有关专家制定了严格的技术标准和施工规范，包括技术指标、施工误差、气候条件、平移速度等。由于涉及文物建筑的安全性，在确立斜托梁（即平移轨道）施工技术指标时提出了整条斜托梁，甚至 9 根斜托梁每两点的误差不超过 ±1 mm 的要求，远远超过国家及行业标准。严格的施工程序和技术标准保障了平移工程的顺利进行。1999年 10 月 2 日，平移工程正式进行，10 月 3 日顺利完成平移工程。整体平移英国领事馆旧址也达到了经济建设与文物保护两利的效果，妥善处理了经济建设与文物保护之间的矛盾。这是广西首例建筑平移，也是全国首例文物建筑平移，为以后的文物保护提供了很好的先例，符合文物保护的原则，对今后北海市、广西乃至全国的文物保护都有非常积极的意义。

## 二、消防设施安装

作为砖木结构的百年文物建筑，消防安全尤其重要，近年来，很多文物建筑都是毁于火灾。根据公安部和国家文物局的要求，为确保北海近代建筑的消防安全，2005年北海市文物管理部门邀请具有相关资质的贵阳铝业设计院编制了《北海近代建筑消防设施安装方案》，经修改完善，2007年通过了国家文物局的审批。根据方案的设计，作为全国重点文物保护单位，其消防等级是按一级的标准来安装的，同时考虑到北海近代建筑的砖木结构特点，在设备选购上与其他的一级风险单位的消防设施也有不同。与新建博物馆、宾馆酒店、大型娱乐场所的消防不同，这批近代建筑的消防设施主要是安装消防水系统和烟感报警系统，具体的消防器材数量根据建筑的大小来确定。根据设计方案的要求，每层楼面设置两个消防水栓，每个房间设置一个烟感报警器及一个全能型的灭火器，控制平台安装在值班室，如发生火灾，能及时发现和处理，这样能满足文物建筑消防安全的需要。近年来，北海市文物管理部门严格按照设计方案，组织进行相关的设备购买和设施安装，并定期更新换代，不断完善北海近代建筑的消防设施，力保建筑消防安全。

## 三、周边环境整治

北海近代建筑分属不同的使用单位，总体来说，周边环境不尽如人意，原因是多方面的。没有公布为文物保护单位之前，文物建筑周边环境不受约束，使用单位或居民改变环境的随意性较大，表现最突出的是不断建新的建筑，把文物建筑包围起来，严重破坏了文物建筑原有的环境风貌。这一批文物建筑的周边环境都存在不同程度的破坏。为了做好北海近代建筑的环境整治，同时配合北海市人民政府建设北海近代中西文化系列馆的需要，北海市文物管理部门联合北海市发展和改革委员会向自治区发展和改革委员会申请北海近代建筑保护设施建设项目，并获得批准。该项目获得国家预算内资金的支持，并得到北海市财政配套资金的支持。项目主要是对英国领事馆旧址、德国领事馆旧址、德国森宝洋行旧址、大清邮政北海分局旧址、北海关大楼旧址和德国信义会教会楼旧址共6处建筑进行周边环境整治（含绿化、美化和亮化）、安装安防设施、建设管理用房、改造展示用房、铺设游览步道等。该项目已于2016年完工，极大改善了上述文物建筑的周边环境，为这些建筑的利用提供了良好的条件。这一项目的实施，也为今后其他文物建筑的保护提供了借鉴。

# 第五节　维修工程

北海近代建筑大多是 100 多年前的砖木结构为主的建筑，其木构件、墙面、屋顶及地板都存在不同程度的损坏，要保护这批建筑，维修是首选的方法。在 2001 年被公布为全国重点文物保护单位之前，这些建筑并没有得到专业的保护维修，虽然有部分使用单位对这些建筑进行过一些保养或室内装修，但是因为不专业，这些行为反而破坏了原有的历史风貌。近年来，通过北海市文物管理部门的努力，北海市各单位和全体市民对文物保护的认识有了很大的提高。从 2003 年开始，北海市邀请广西文物工作队和广西文物保护研究设计中心编制北海近代建筑的维修方案，采用传统工艺，按照不改变原状的原则，最大限度地保持文物建筑的原有风貌，同时有效保证了文物建筑的安全。以下是北海近代建筑的维修工程。

## 一、普仁医院旧址医生楼维修

2003 年，北海市人民医院对普仁医院旧址医生楼进行了全面维修，对建筑的屋顶、地板砖进行更换，并对内外墙进行了重新粉刷，更换了全部的门窗等木构件。

## 二、英国领事馆旧址维修

2005 年，北海市第一中学对英国领事馆旧址进行了全面的维修，主要对建筑的屋顶、地板砖进行更换，并对内外墙进行了重新粉刷，更换了全部的门窗等木构件。

## 三、大清邮政北海分局旧址维修

2006 年，北海市文化局（现北海市旅游文体局）对大清邮政北海分局旧址进行了全面维修，重铺屋瓦，按照原来的风貌更换了全部的地板砖，按原来式样补配、修复建筑构件，修复、更换木制构件，同时拆除周边的临时建筑，周边地面用古代青砖进行铺装，进行绿化和美化，极大改善了旧址的周边环境，并在此基础上建成了北海邮政历史陈列馆。

## 四、双孖楼旧址东座的维修

2008 年，北海市文物管理所（现北海市博物馆）对双孖楼旧址东座进行了全面修缮，更换了全部屋瓦，按照原来的风貌重铺地板砖，按原来式样补配、修复建筑构件，更换全部木构件，对内墙进行了全部粉刷，对外墙进行清洁修补，保留原来的历史沧桑感。

## 五、德国森宝洋行旧址维修

2008 年，北海市文化局（现北海市旅游文体局）对德国森宝洋行旧址主楼进行局部维修，更换了全部屋瓦，对内墙进行了全部粉刷，对外墙进行清洁修补，更换全部木构件，含门、窗、桁条和椽子等，并做防虫处理。此次维修，因资金不足，没有更换后期铺设的现代瓷砖地板。2014 年，为了将德国森宝洋行旧址主楼开设为北海近代中西文化系列馆，北海市文物局对地板进行改造，将现代瓷砖更换成原来的红方砖，恢复原来的历史风貌。

## 六、北海关大楼旧址维修

2008 年，北海海关对北海关大楼旧址进行全面维修。加固了原有的地基，外墙只是进行清洁处理，没有重新进行粉刷，保留原有历史记忆，内墙按原来的风貌进行了重新粉刷，重铺屋瓦，按照原来的风貌更换了全部的地板砖，按原来式样补配、修复建筑构件，修复、更换门窗、楼梯等木制构件。

## 七、涠洲城仔教堂维修

2009 年，北海市文物管理所（现北海市博物馆）对涠洲城仔教堂的附属建筑女修道院进行了全面维修，对内墙、外墙进行了重新粉刷，更换了全部的门窗等木构件；对神父楼进行局部维修，更换了门窗等木构件，一楼地板全部更换，二楼地板局部更换，对内墙进行了全部粉刷，对外墙进行清洁修补。2020 年对涠洲城仔教堂进行揭顶维修，更换了地板砖、瓦、门窗等。

### 八、涠洲盛塘天主堂第一期维修

2010 年，北海市文物管理所（现北海市博物馆）对教堂、神父楼和附属用房 3 座建筑进行了落架维修。其中，对教堂进行揭顶维修，重铺屋瓦，按照原来的风貌更换了全部的地板砖，并更换全部木构件，含门、窗、桁条和椽子等；神父楼和附属用房重铺屋瓦，更换全部的地板砖，更换全部木构件，含门、窗、桁条和椽子等，拆除后期添建的建筑构件。因资金不足，此次维修没有对教堂的墙体进行维修，保留了 20 世纪 80 年代时修缮的（抹水泥油）外观。2020 年，对涠洲盛塘天主堂的女修道院、孤儿院和围墙进行了全面修缮，主要是对女修道院和孤儿院进行揭顶维修，更换全部的地板砖，更换全部木构件，含门、窗、桁条和椽子等，并加固修复墙体，对整个院子的围墙进行修复加固。

### 九、北海天主堂旧址维修

2012 年起，北海市文化局（现北海市旅游文体局）对北海天主堂旧址进行了全面维修，主要对建筑的屋顶、地板砖进行更换，对内外墙进行重新粉刷，更换全部的门窗等木构件，并重建已损毁的钟楼。

### 十、会吏长楼旧址维修

2013 年，北海市文物局（现北海市博物馆）对会吏长楼旧址进行全面维修，对建筑的屋顶、地板砖进行更换，对内外墙进行重新粉刷，并更换全部的门窗等木构件。

### 十一、贞德女子学校旧址维修

2013 年，北海市文物局（现北海市博物馆）对贞德女子学校旧址进行了全面维修，主要对建筑的屋顶、地板砖进行更换，并对内墙进行重新粉刷，对外墙进行清洁修补，保留原有历史痕迹，恢复原有的楼梯，并更换全部的门窗等木构件。

### 十二、德国领事馆旧址维修

2013 年至 2014 年，北海市文物局（现北海市博物馆）对德国领事馆旧址进行了落架维修。主要对建筑的屋顶、地板砖进行更换，对内墙进行重新粉刷，对外墙进行清洁修补，保留原有历史痕迹，恢复被毁坏的二楼的隔墙和壁炉，并更换全部的门、窗、桁条和椽子等木构件。

### 十三、德国信义会教会楼旧址、德国森宝洋行旧址附楼、双孖楼旧址西座、合浦图书馆旧址、北海天主堂神父楼和女修道院旧址维修工程

2014 年 12 月，北海市文物局（现北海市博物馆）启动德国信义会教会楼旧址、德国森宝洋行旧址附楼等 6 座北海近代建筑的维修工程。工程主要对 6 座建筑的屋顶、地板砖进行更换，对内墙进行了重新粉刷，对外墙进行了清洁修补，并为保留原有历史痕迹，更换了全部的门、窗、桁条和椽子等木构件。上述维修工程，除了女修道院旧址维修工程，其他 5 个维修工程都于 2017 年竣工，并于 2018 年通过广西壮族自治区文化和旅游厅（原广西壮族自治区文化厅）的竣工验收。女修道院旧址维修工程因设计有所更改，于 2020 年重新进行维修施工，并于 2021 年竣工。

# 第八章
## 北海近代建筑的价值与利用

# 第一节　北海近代建筑的价值

## 一、历史价值

北海近代建筑有领事馆、教堂、海关、洋行、医院、学校等，各建筑用途不同，风格独特，独树一帜，这么一组类型丰富、功能齐全的建筑在我国西南地区较少遗存，在全国也是不多见的，具有比较丰富的历史艺术信息和较高的艺术价值，是对外开放的文化遗迹和载体。

这批建筑是英、法、德等西方列强利用政治、经济、外交、宗教、文化等手段，对我国进行精神渗透，掠夺我国市场和资源的物证，是北海 100 多年前被迫开放的历史见证，是研究我国近现代史、经济史、建筑史、海关史、港口史、宗教史和对外贸易历史等方面的重要史料，具有较高的历史价值。

随着清末清政府签订各种不平等条约，中国主权不断丧失，英、德、法三国相继在北海开设教堂、教会医院、学校和修道院，实质是在精神上笼络北海民众，为列强的政治、经济侵略披上一层伪善的外衣。德国森宝洋行是列强处理不平等贸易及代理招工的商务机构。领事馆及其开展的各种活动是西方国家对近代中国的经济侵略。西方国家进驻北海的特殊历史时期，更多体现了西方列强企图对中国开展殖民活动的功利特征。建于 1883 年的北海关，是广西"四大海关"中最早建立的海关，是北海作为中国西南地区较早开放的对外贸易港口的代表性建筑，是近代广西北部湾地区发展的见证。

北海是广西近代接受西方文化的前沿阵地，西方的建筑理念冲击着北海传统的建筑风格，一系列具有西方建筑风格的建筑在北海建成，反映了当时西方建筑与中国传统建筑相融合的发展趋势，是特定历史时期的产物，是中西文化交融的珍贵实物史料。

## 二、科学、艺术价值

北海近代建筑是近代西方建筑风格在异国再现的典型实例。北海近代建筑的建筑风格及建筑装饰所体现的异域风格，反映了当时中西方的美学倾向，是西方美学意识与北海当时、当地政治、社会、经济、宗教环境相互影响下形成的美学具体形态。

北海近代建筑本身就是一座座活脱脱的艺术品，本是平板的墙面，因被赋予巧妙的雕饰线而变成了"满壁生辉"。还有那各具特色的拱券回廊、支撑拱券的方形柱，富于变化的曲直线条，层次清清楚楚的墙体结构等，充满了欧洲古典建筑的风格，很有立体感和较强的艺术效果。那规模宏大又充满小尖顶的教堂，给人一种较强的"向上的动势"，造成一种向上的升华和"天国神秘"的感觉。北海近代建筑为研究现代建筑材料的使用提供了不可多得的实物依据。北海近代建筑是中国东南沿海早期使用钢筋水泥的建筑之一，钢材和水泥作为建筑材料使用已有180多年的历史，见证了钢材、水泥在中国的使用及发展的历程。

## 三、旅游价值

北海近代建筑是北海市旅游文化名城的基本构成之一，对发展北海市旅游事业、完善北海旅游格局起到积极的作用，可为北海社会创造更多的就业机会，带动地方相关产业的发展。

伴随着北海知名度的不断提高，北海越来越受到国内外各界的关注，来北海视察、观光的各级领导、外国友人及游客也越来越多。北海以银滩一举成名，成为中国优秀旅游城市，但在新形势下，北海旅游面临激烈的竞争。北海的旅游内容相对单一，特别是缺少人文景观，而糅合中西文化、见证中国近代对外贸易、港口交通史的北海近代建筑是一个开发潜力极大的人文景观。北海近代建筑风格独特，具有较强的观赏性，每年来参观的游客不少，在国内外都具有较高的知名度。

## 四、社会教育价值

北海近代建筑是北海市具有较高历史、科学、艺术价值的文物古迹，是进行国民素质教育，弘扬传统文化，激发爱国、爱乡情怀的重要场所。北海近代建筑与北海的其他文物、历史街区等历史积淀，是构成北海历史文化名城的重要因素。绝大部分的北海近代建筑是中英《烟台条约》在北海实行的见证，见证了中国及北海近代发展的屈辱史。参观北海近代建筑，可使国人认识到，落后就要挨打，从而激发人们特别是青少年发愤图强、努力建设繁荣富强祖国的热情，助力实现中华民族伟大复兴，是爱国主义教育的最好的场所之一。

# 第二节 北海近代建筑的利用

将北海近代建筑重新融入城市新体系，继续发挥其应有价值，成为保护北海近代建筑的中心要旨。

北海近代建筑是很好的旅游资源，作为全国重点文物保护单位，在极大地提高北海知名度的同时，还可以为旅游业带来可观的经济效益。作为旅游城市的北海，旅游业是主要产业之一。但北海的旅游业以自然形态的滨海和湖光山色为主，如北海银滩、涠洲岛、星岛湖和红树林，而饱含历史信息、文化底蕴和内涵的人文景观却很少。如果将北海近代建筑开发成旅游景点，使历史人文景观在北海旅游中成为一个亮点，对相对单一的滨海旅游来说会起到互补的作用，可以提升游客的旅游兴趣，增进游客对北海历史的了解，改变北海旅游仅限于滨海旅游的单一状况，从而促进北海旅游业的健康发展，提高北海旅游的文化品位，在为北海带来巨大社会效益的同时，也带来巨大的经济效益。

按照《中华人民共和国文物法》及有关法规的规定，北海近代建筑可在统一规划下，根据其历史价值和现实功能，充分发挥其应有的价值，使北海近代建筑更好地服务于当地经济建设和社会发展。如开设北海近代建筑、北海老街游，使游人在欣赏一座座艺术品中感受到北海100多年前开埠通商的气息，记起19世纪末西方列强发动的侵华战争、宰割中国的屈辱历史，使国人于游览中受到爱国主义的教育，激发国人建设繁荣富强祖国的热情。

## 一、组建北海近代历史系列专题馆

作为北海近代建筑中价值较为突出并易于参观的英国领事馆旧址、德国领事馆旧址、德国森宝洋行旧址、北海关大楼旧址、德国信义会教会楼旧址、合浦图书馆旧址、大清邮政北海分局旧址及普仁医院旧址，在经过全面维修后，可开设专题陈列馆，组建北海近代史系列专题馆。根据其有关的历史资料，寻找与旧址相关的文物，尽可能地恢复当时的情景，构成具有近代特色的系列专题馆，包括领事馆、洋行馆、邮电馆、海关馆、金融馆、宗教馆、医院馆和名人馆，这将是北海旅游中重要的人文景观。

## （一）北海近代领事机构历史陈列馆（简称为"领事馆"）

该馆通过展示相关的图片、历史资料、实物及情景复原，从外国驻北海领事馆的设立、外国驻北海领事馆的业务活动、近代外国人在北海的生活、外国驻北海领事馆对北海的影响、国内现存部分近代英国领事馆旧址概况 5 个方面，展示近代外国领事馆开展的业务及对北海各方面的影响。该馆于 2016 年正式对外开放，作为国家 4A 级景区《印象·1876》北海历史文化景区的一部分，成为北海的重要旅游景区。

## （二）北海近代洋行历史陈列馆（简称为"洋行馆"）

该馆通过展示相关的图片、历史资料、实物及情景复原，从中国近代洋行概况、北海近代洋行的兴衰、北海森宝洋行的经营情况、全国现存部分洋行旧址 4 个方面进行布展，展示中英《烟台条约》后北海作为对外通商口岸商业发展情况，展示近代外国洋行进驻北海及给北海带来的冲击、影响。该馆于 2016 年正式对外开放，作为国家 4A 级景区《印象·1876》北海历史文化景区的一部分，成为北海的重要旅游景区。

## （三）北海近代邮电历史陈列馆（简称为"邮电馆"）

该馆以大清邮政北海分局旧址为馆址，通过展示相关的图片、历史资料、实物，主要展示北海近代邮政和电信发展情况，再现北海历史（主要是近代）邮电发展的历程，说明近代北海在邮电史上具有显著地位。该馆展示内容分为邮政机构、邮政通信和电信通信三部分。该馆于 2018 年正式对外开放，作为国家 4A 级景区《印象·1876》北海历史文化景区的一部分，成为北海的重要旅游景区。

## （四）北海近代海关历史陈列馆（简称为"海关馆"）

该馆以北海关大楼旧址为馆址，通过相关的图片、历史资料、实物及情景复原，从古代北海海关的发展历史、近代北海海关的设立、近代北海海关的业务活动、近代北海海关对北海的影响、国内现存部分洋关旧影 5 个方面进行布展，展示中英《烟台条约》后西方国家利用北海关进行经济掠夺的屈辱史，展示近代英国等西方国家设立北海关给北海带来的影响。该馆于 2020 年正式对外开放，作为国家 4A 级景区《印象·1876》北海历史文化景区的一部分，成为北海的重要旅游景区。

## （五）北海近代宗教历史陈列馆（简称为"宗教馆"）

该馆以德国信义会教会楼旧址为馆址，通过展示相关的图片、历史资料、实物及情景复原，从中国近代西方宗教传播概况、西方天主教在近代北海传播、西方基督教在北海发展、全国现存部分近代西方教堂4个方面进行布展，展示近代西方宗教主要是天主教、基督教在北海的传播、发展给北海带来的影响，展示中英《烟台条约》后西方天主教和基督教在北海发展的历史。

### （六）北海近代金融历史陈列馆（简称为"金融馆"）

该馆以德国领事馆旧址为馆址，通过展示相关的图片、历史资料、实物及情景复原，展示近代因受西方国家的影响，北海金融业发展的历史。该馆正在筹建中，可以从近代北海货币、金融机构、民间借贷3个方面进行布展，展示中英《烟台条约》后北海近代金融业出现及发展的历史。

### （七）北海近代医院历史陈列馆（简称为"医院馆"）

该馆以普仁医院医生楼旧址为馆址，通过展示相关的图片、历史资料、实物及情景复原，以普仁医院的设立、发展、兴衰和全国现存部分近代普仁医院旧址4个方面进行布展，展示中英《烟台条约》后北海近代医疗发展的历程，展示近代北海医疗发展史。该馆已于2016年建成开放。

### （八）北海近代名人历史陈列馆（简称为"名人馆"）

该馆以合浦图书馆旧址为馆址，通过展示相关的图片、历史资料、实物及情景复原，展示北海近现代名人事迹，其中以陈铭枢抗日、关心教育等事迹为主。同时，陈列有陈铭枢（曾任南京政府代理行政院院长）、林翼中（抗战时任农林部长）、香翰屏（第九集团军副总司令）、张君嵩（国民革命军中将）、邓世增（国民革命军中将司令、第十九路军副总指挥）、劳冠英（七十四军第六任军长）、沈载和（十九路军广州办事处主任）、岑麒祥（著名语言学家）、龙大均（著名经济学家）、邹瑜（原国家司法部部长）、陈建功（著名作家、中国作协副主席）、李英敏（著名剧作家）、梅艳芳（香港著名艺人）等真人塑像。

2020年，北海市旅游文体局整合文物资源，以北海近代建筑为背景打造的《印象·1876》北海历史文化景区获评国家4A级旅游景区，成为北海新晋地标打卡地，吸引大量旅客。北海近代中西文化系列陈列馆既是了解近代北海被迫对外开放历史的窗口，又是宣传北海近代建筑风貌的窗口，展示北海国家历史文化名城的文化内涵。这种利用多处文物保护单位，系统性反映相关历史文化展览的做法，在全国范围内少见，很有特色，富有开创精神，得到了业界的肯定。

## 二、恢复和保存教堂的职能

作为华南地区最早、最大的天主教堂——涠洲盛塘天主堂仍然是当地信众的重要活动场所和涠洲的重要旅游景点。由于近代北海被开辟为对外通商口岸，西方宗教在北海有一定的影响，信教群众也有一定的数量。维修后，涠洲盛塘天主堂一直保持教堂功能，开展正常的宗教活动，是涠洲信教群众一个重要的宗教活动场所，同时因其重要历史价值和独特的建筑风格、优美的周边环境，吸引大量的游客前来参观，参观涠洲岛的游客必参观盛塘天主堂。2016 年，涠洲盛塘天主堂成为国家 4A 级景区。

涠洲城仔教堂作为涠洲的两座百年教堂之一，与涠洲盛塘天主堂一样，100 多年来都是当地信教群众的宗教活动场所，同时因其历史价值和独特的建筑风格，优美的周边环境，吸引大量的游客前来参观，也成了涠洲的重要旅游景点。

北海天主堂于 2013 年完成维修，恢复了损毁的钟楼，修复了已为危房的教堂，如今已可作为北海天主堂信教群众开展宗教活动的场所。

## 三、开辟近代史迹旅游景点

北海市区其他几处北海近代建筑，因风格独特、建筑美感的魅力，在按原貌维修恢复后，也将成为北海近代史迹旅游的重要景点。各处建筑可根据实际情况纳入相应的景点，如法国领事馆旧址、双孖楼旧址可纳入领事馆景点，会吏长楼旧址和贞德女子学校旧址可纳入普仁医院历史陈列馆景点，女修道院、主教府楼、北海天主堂等天主教遗存可纳入宗教馆景点。

通过开辟北海近代史迹旅游景点，不但可以将北海近代建筑众多景点整合串联成一体，而且可以丰富北海历史人文旅游的线路，拓展北海近代中西文化系列陈列馆的旅游内涵和外延。